高等职业教育农业农村部"十三五"规划教材

宠物美容与服饰

王丽华 孙秀玉 主编

中国农业出版社
北京

内容简介

本教材根据宠物美容及相关职业的要求与特点，重在使读者掌握实用的基础操作技能，以培养实用型人才为根本出发点，采用项目式教学方法，同时对每一个项目进行任务分解，一个任务是对一种技能的掌握。同时我们与行业专家（宠物美容学校）合作编写了本教材，使本教材更具有广泛性、实用性和参考价值。

本教材内容分为两大模块，一是宠物美容部分，二是宠物服饰制作部分。美容的部分主要从宠物美容的发展及犬、猫的形态结构、皮毛特征开始，讲述工具的识别使用和基础美容的操作过程，进而重点介绍常见犬种的美容造型修剪为主的护理美容操作工作过程，并将各工作过程拍摄成照片，能更加清晰地反映操作要点与精华，以供宠物专业的在校学生和从事宠物美容的初学者使用。本教材又根据宠物美容与相关行业的发展，增加了宠物服饰设计与制作的部分，主要介绍几种常见的宠物犬服装的制作工艺。宠物服饰的内容是一大亮点，与宠物美容部分两者相辅相承，既拓展了教学内容，又有利于激发学生的创新能力并掌握一项新技能。

本教材的美容部分涉及六个常见宠物犬品种（贵宾犬、比熊犬、北京犬、迷你雪纳瑞犬、西施犬、博美犬）的七个宠物美容造型修剪过程，介绍了长毛犬被毛护理与操作的全过程，以及猫的美容与护理过程，并简单介绍了宠物店的经营与管理方法。在宠物服饰部分中，详细讲解了宠物服饰的制作方法与步骤。本教材在每一项目或任务结束后均附有相关知识链接及复习与思考，用于检验和巩固教材使用者所学知识与技能，为今后从事此工作打下了良好的基础。

前言

　　本教材以项目式教学方式讲解宠物美容的操作过程与宠物服饰设计与制作内容，并将各项目按照工作内容及实际情景操作情况分解成不同的工作任务，使各任务成为独立的单元。宠物美容部分，根据宠物美容工作的实践环境，首先介绍了如何识别和使用美容工具及工具的保养；然后通过图片详细地说明宠物犬的基础美容的过程，并提供相关知识内容以及课后复习与思考；该部分最后还提供了目前最为常见的几种犬只美容造型的修剪案例，并详细解说操作步骤，其中包括贵宾犬运动装美容造型修剪、贵宾犬泰迪装美容造型修剪、比熊犬美容造型修剪、北京犬狮子装美容造型修剪、迷你雪纳瑞犬美容造型修剪、西施犬圆头夏装美容造型修剪、博美犬美容造型修剪和长毛犬被毛护理过程（清洁护理与包毛）。为了增加对相关知识的了解，本部分也对大型宠物装造型进行了简要的说明。宠物服饰制作部分是从布料的选择、裁剪工具的使用与保养、对宠物的体尺测量部分开始介绍，再介绍宠物服装的裁剪与制作部分，其中包括宠物犬背心、两袖装、四袖装、生理裤及鞋的制作等。

　　宠物美容与服饰制作是一种职业技能，同时也是一门艺术。宠物的美容本身就体现着一种审美文化，宠物美容造型设计与修剪形同艺术，作为一个宠物美容师应该懂得如何使宠物变得更加靓丽，并突出宠物本身的个性与特点，使其赢得人们更多的关爱，体现其存在的社会价值。

　　本教材特别邀请了行业专家进行指导与参加编写，书中应用了大量的彩色图片，清晰易懂，图文并茂。本教材的各个美容环节的修剪技巧与场景均由专业人士实际操作并拍摄，能让初学者了解宠物美容的技巧，同时也可作为从事宠物美容工作者的参考书。

　　本教材共分为两大模块、13个项目、22个工作任务，具体的编写分工为：模块一的项目一由顾月琴（江苏农牧科技职业学院）编写，项目二、项目三由王龙（黑龙江农业工程职业学院）编写，项目四、项目五由王丽华（江苏农牧科技职业学院)、陈爱凤(江苏农牧科技职业学院)编写,项目六由康沂(西安时尚宠物美容学校)、王宇菲(山东青岛珍熙宠物美容学校)、孙秀玉(山东畜牧兽医职业学院)、王志炜(西安时尚宠物美容学校)编写,项目七、项目八由王丽华、刘忠慧(江苏农牧科技职业学院)编写;模块二由王丽华、陈爱凤编写。全书由刘俊栋(江苏农牧科技职业学院)、梁仲楷(香港狗会评判委员会主席)审稿,在此一并表示衷心的感谢。

在此书出版之际,感谢所有对该书出版提供帮助的同仁,感谢他们的鼎力相助。希望本教材的出版,能帮助宠物美容从业者更上一层楼,使初学者能更轻松、快速地掌握专业技巧,更好地为宠物美容事业的发展与进步做贡献。

由于编者水平有限,书中的错漏之处在所难免,敬请指正,以备今后修订。

编 者

2014年6月

目 录
MULU

前言

模块一　犬、猫的美容常识 …………………………………………… 1

项目一　犬、猫的分类与皮毛类型 ……………………………………… 3
项目二　犬、猫的外貌形态与骨骼结构 ………………………………… 10
项目三　犬、猫的皮肤特点 ……………………………………………… 15
项目四　美容工具的识别使用与保养 …………………………………… 25
项目五　犬的基础护理 …………………………………………………… 34
　　任务一　犬的被毛刷理与梳理 ……………………………………… 34
　　任务二　趾甲修剪 …………………………………………………… 38
　　任务三　眼睛清洁 …………………………………………………… 39
　　任务四　耳朵护理 …………………………………………………… 41
　　任务五　牙齿护理 …………………………………………………… 43
　　任务六　皮毛的清洗 ………………………………………………… 45
项目六　犬的美容造型修剪 ……………………………………………… 51
　　任务一　贵宾犬运动装美容造型修剪 ……………………………… 51
　　任务二　贵宾犬泰迪装美容造型修剪 ……………………………… 61
　　任务三　比熊犬美容造型修剪 ……………………………………… 67
　　任务四　北京犬狮子装美容造型修剪 ……………………………… 73
　　任务五　迷你雪纳瑞犬美容造型修剪 ……………………………… 79
　　任务六　西施犬圆头夏装美容造型修剪 …………………………… 88
　　任务七　博美犬美容造型修剪 ……………………………………… 96
　　任务八　长毛犬护理 ………………………………………………… 100
项目七　猫的基础美容 …………………………………………………… 110
　　任务一　猫的被毛梳理与清洁 ……………………………………… 110
　　任务二　猫的趾甲修剪，眼、耳清洁 ……………………………… 115
项目八　宠物店的经营与管理 …………………………………………… 119

模块二　宠物服饰的设计与制作 …… 123

项目一　服装缝纫基础知识 …… 124
项目二　服装材料的种类与选择 …… 130
项目三　服装缝纫与熨烫的基本技能 …… 138
项目四　制作犬服饰的体尺测量方法与常见尺寸 …… 141
项目五　宠物犬服饰的设计与制作 …… 143
　任务一　宠物犬背心的设计与制作 …… 143
　任务二　宠物犬两袖上衣的设计与制作 …… 146
　任务三　宠物犬两袖裙装的设计与制作 …… 149
　任务四　宠物犬四袖装的设计与制作 …… 153
　任务五　宠物犬生理裤的设计与制作 …… 156
　任务六　宠物犬鞋的设计与制作 …… 158

附录　犬的美容造型修剪部位的中英文专业术语对照 …… 160

参考文献 …… 162

模块一 犬、猫的美容常识

从美容的复杂性、美容样式的多样性来看，贵宾犬在犬美容发展史上起到了重要的作用。在远古时代，犬担负守卫、打猎、寻回等工作并参与到人类的各项活动中，与人类建立起亲密友善的关系。随着生产力的发展，早期的贵宾犬用于渔业和狩猎，当初为了让贵宾这种水猎犬更好地适应水中工作，主人们将其后腿部的一些毛剪光，以减小其在水中行进的阻力。这种样式类似于现在的欧洲大陆装，这也是犬美容的雏形。

在18世纪的法国，人们很夸张地设计贵宾犬的造型，并极为流行。路易十六时代（1774—1792），贵宾犬的修剪艺术达到极致，其修剪极具装饰性，那时的犬美容师也成为一种令人羡慕的职业。英国维多利亚女王时代，犬修剪美容变得非常流行，并且成为了一个独立的工种。

在硬毛小猎犬品系形成早期，大不列颠岛的人们就逐渐认识到，将掩盖在犬躯体轮廓的多余毛发拔掉，新毛就会更顺利地生长，并使体型看起来有所增大。在实践中，人们发现完全拔掉旧的毛发会促使新毛发更加旺盛地生长，毛发更具光泽，质地也更好，并知道定期用手或梳子给犬去掉一些毛发并不会给犬带来伤害。

犬的美容修剪艺术经过几百年的发展，现在已经在全世界发展成为一种复杂的职业活动，特别是在美国。贵宾犬在被AKC认可的参展式标准修剪类型之外，还有几百种各式各样的创造性的宠物修剪类型。在犬的身体各个部位可以修剪出各种各样的形状和图案。

家庭饲养玩赏犬，尤其是名贵品种的犬，主人都希望其具有一身漂亮光洁的被毛，美观大方的外形，让该品种犬应具备的理想形象更加突出，而缺陷则尽量被掩饰，这对长毛犬来说更为重要。要使犬或猫既高贵又令人喜爱，经常性地清洁、梳理、修剪是必不可少的。因此，所谓的宠物美容，不只是替犬、猫洗澡而已，而是凭借顶级的美容美发用品和精湛的修剪技巧，为它们遮掩体形缺陷、增添美感。所以，美容师需要刻苦练习，不断学习新知识，以拥有一流的专业技艺和独到的造型设计。犬、猫美容后，不仅看起来干净、整洁、美观，而且自身也会有一种清爽舒服的感觉。一般的宠物犬，可以依主人的需求或喜爱，来为它修剪出各种独特的造型。如果犬长期得不到修剪和整理，它的外形有时可能丑得让人无法接受，甚至完全分不出它的品种来。

不同品种的犬有不同的造型标准，而根据不同的造型标准又有不同的美容方法，对贵宾犬而言，有幼犬的被毛造型，有成犬的修剪造型；服饰上也有多种款式，有宠物装也有赛级装。而垂耳猎犬的头顶与背部的被毛要剃除，双耳与四肢、胸腹部分的被毛则要留长。参加大型比赛的雪纳瑞犬的背毛不可以剃除，只能用专业刮刀剥除，眉毛和胡须不仅要留长，而且要按规定适度修剪。除此之外，还有比熊犬、博美犬、北京犬、西施犬等，这些都有特定的长毛犬品种所必须维持的标准造型。对于短毛品种的犬来说，也同样需要美容，其操作相对简单，如修剪犬的胡须、肛门四周，还有尾巴内侧的被毛需要修饰，清洁肛门腺、眼睛、耳朵，修剪指甲，被毛要维持光亮。甚至有些因掉毛或皮肤问题所造成的外观上的瑕疵，也得依靠专业宠物用被毛色料去修饰。

犬美容的造型不是千篇一律的，也有冬、夏装之分。冬天天气较冷，犬被毛可以修剪得长一些，造型也可以夸张一点。夏天天气较热，被毛可以修短一些，造型要简单一些，给人一种清凉、耳目一新的感觉。总之，每只犬都有属于自己品种造型上的要求，造型的设计与美容造型的修剪效果需要正确的维护与保养，才能保持犬光鲜亮丽的外形。

随着科技的发展，各类宠物美容器具和产品也在近几十年间丰富起来。犬专用的刷子、梳子、电剪、指甲钳、吹风机、吹水机等各种新式工具的出现，极大地简化了美容师的修剪工作。而各种犬用美容用品，如香波、毛发调节剂、毛发柔顺剂、皮毛保湿剂、美容粉、耳部清洁产品以及其他作用广泛的各种美容产品的出现，更丰富和促进了犬美容技术的发展。

项目一

犬、猫的分类与皮毛类型

内容提要

犬、猫的外貌形态是其在长期的自然进化与人为驯化过程中形成的特有的品种特点,只有充分了解它,才能更好地进行犬、猫的养护与美容工作。

基础知识

一、犬的分类

（一）美国犬协（AKC）对犬种的分类

世界各地对于犬的分类各有不同,美国的AKC分类法是较为广泛接受的一种。它是将犬以它们最初被人们所用于的领域而分为七大类：运动犬、狩猎犬、㹴犬、玩赏犬、非运动犬、工作犬、畜牧犬。

1. 运动犬（Sporting Group） 运动犬善于帮助人们猎鸟,指示捕猎目标、追踪猎物和拾回猎物等。喜欢亲近人类,活泼而警觉。如金毛寻回猎犬、拉布拉多猎犬、可卡犬等。

2. 狩猎犬（Hound Group） 狩猎犬靠嗅觉和听觉追赶捕猎,它们依靠很强的嗅觉能力去追踪猎物,或者拥有很快的奔跑速度。可爱并且非常亲近人类。如阿富汗猎犬、比格犬、腊肠犬等。

3. 工作犬（Working Group） 工作犬可以完成各种使命,如拉车载物、看门等。体型较大,聪明且护主。如阿拉斯加雪橇犬、杜宾犬、罗威纳犬等。

4. 㹴犬（Terrier Group） 㹴犬源于小型狩猎犬,是近几百年来英国培育出的品种,坚韧、聪明、勇敢。它们很活跃、好奇、精力充沛,体态大都较小。如迷你雪纳瑞犬、西部高地白㹴、万能㹴等。

5. 玩赏犬（Toy Group） 玩赏犬一直被当作人类的同伴饲养,体型娇小,喜欢与人相伴。如博美犬、北京犬、吉娃娃犬等。

6. 非运动犬（Non-Sporting Group） 家庭犬与其他犬种的标准不同,这类犬没有什么共同的特点,它们的面容、体态及毛色都没有共同点。但是他们是最优秀的家庭伙伴。如比熊犬、松狮犬、迷你贵宾犬等。

7. 畜牧犬（Herding Group） 畜牧犬与家畜共同生活并承担放牧工作,有极高的智力,并进行大量的运动。如苏格兰牧羊犬、德国牧羊犬、边境牧羊犬等。

（二）国际育犬联盟（FCI）对犬种的分类

1. **牧羊犬和牧牛犬**（Sheepdogs and Cattle Dogs）　不包含瑞士牧牛犬组。
2. **宾莎犬和雪纳瑞类、獒犬、瑞士山地犬和牧牛犬及其他**（Pinscher and Schnauzer-Molossoid breeds-Swiss Mountain and Cattle Dogs and other breeds）
3. **㹴犬**（Terriers）
4. **腊肠犬**（Dachshunds）
5. **尖嘴犬和原始犬种**（Spitz and Primitive types）　包括北欧雪橇犬、北欧猎犬、北欧护卫犬及牧羊犬、欧洲狐狸犬、亚洲狐狸犬及相关犬种、原始犬种、原始猎犬、原始脊背猎犬。
6. **嗅觉猎犬和相关犬种**（Scenthounds and related breeds）　包括嗅觉猎犬、控制型嗅觉猎犬和相关犬种。
7. **指示猎犬**（Pointing Dogs）　包括欧洲大陆指示猎犬、英国及爱尔兰猎犬。
8. **寻回猎犬、搜寻犬、水猎犬**（Retrievers-Flushing Dogs-Water Dogs）　包括寻回猎犬、激飞猎犬、水猎犬。
9. **伴侣犬和玩具犬**（Companion and Toy Dogs）　包括比熊犬、贵宾犬、小比利时犬、冠毛犬、西藏犬种、吉娃娃犬、英国玩具猎犬、日本狆、北京犬、玩具猎犬、克龙弗兰犬、小型獒犬类。
10. **灵缇**（视觉猎犬，Sighthounds）　包括长毛或丝毛视觉猎犬、粗毛视觉猎犬、短毛视觉猎犬。

二、犬的皮毛类型

犬身上的被毛按生长位置可分为三种：饰毛、覆毛和绒毛。饰毛是指长在耳朵、尾巴和四肢下面，起装饰作用；覆毛又称为上毛，是指又长又粗的外层被毛，其主要作用是保护皮肤；绒毛又称为底毛，是长在表层被毛以下的又细又软的被毛，绒毛的主要作用是保暖。犬的皮毛，以长短分可分为长毛、中毛和短毛；以品质分，可分为直毛、卷毛、波状毛、绢丝毛、粗毛、刚毛、细毛、绒毛等。然而，犬毛不是一成不变，而是会根据不同的季节而发生不同的变化。

1. **双层毛的特点**　如松狮犬、博美犬、各种牧羊犬等，毛发非常浓密，并且有蓬松感。底层毛发近似棉质，主要起到保暖和支撑外层毛发的作用；外层毛发较粗，呈针状，起装饰的作用。双层毛的犬要经常清理深层的死毛，毛质偏干燥。刷理时针梳和鬃毛刷要交替使用；梳理时最好选择梳齿间距阔的梳子，如牧羊梳等。洗澡时最好选择蓬松型洗毛液。

2. **直丝毛的特点**　如约克夏㹴、马尔济斯犬等，毛发非常细腻顺滑，并且富有光泽感。每日至少进行1次刷理和梳理，选用针梳进行刷理；在梳理毛发时为防止长毛折断和产生静电，最好使用一些顺毛喷雾；为了避免毛发因过长而断裂，最好对毛发进行包裹。洗澡时最好选择柔顺型香波。

3. **短毛的特点**　如杜宾犬、八哥犬等，毛发短而硬挺，紧贴皮肤，富有光泽。健康的短毛犬都具有绸缎般的被毛，由于毛质偏油性易患皮肤病。可用鬃毛刷为其进行刷理，并用梳毛手套对其进行擦拭。

4. **卷毛的特点**　如贵宾犬、卷毛比熊犬等，毛发卷曲、蓬松且浓密。毛发偏油性。一般采用针梳进行刷理，再用贵宾犬专用梳进行梳理。洗澡时最好选择蓬松型香波。洗澡后需要进行拉毛。这类犬必须定期进行美容修剪。赛级贵宾犬为保护好冠毛、颈毛、背毛和耳毛，平时需对这部分毛进行包裹。

5. 刚毛的特点　如雪纳瑞犬、刚毛猎狐狸、西部高地白狸等，外层毛发刚硬、有韧性，触感明显粗糙。为了保持刚毛犬原有被毛的质地和色泽，需定期对其进行拔毛护理。平时用钢丝刷对其进行刷理，再用排梳进行梳理。洗澡时最好选择硬毛犬专用香波。

三、猫的皮毛类型与分类

猫最引人注目的是那一身美丽的被毛。被毛和皮肤不仅构成了猫漂亮的外貌，而且还有十分重要的生理功能。皮肤和被毛是猫的一道坚固的屏障，它能防止体内水分的丢失，抵御某些机械性的损伤，保护机体免受有害理化作用的损伤。皮肤及被毛在寒冷的冬天，具有良好的保温性能，使猫具有较强的御寒能力。在夏天，被毛又是一个大散热器，起到降低体温的作用。猫皮肤里有许多能感受内外环境变化的感受器。感受器能感受一种或数种刺激，如冷、热、触觉、痛觉等。

猫毛从皮肤毛囊内生长出来，毛囊呈细长袋状。猫毛囊有两种，一种是只长一根毛的单毛囊，另一种是长有多根毛的复合毛囊。猫毛囊以复合毛囊为主。因此，猫的被毛很稠密，大约每平方毫米200根。猫身上的主毛和次毛都是有髓毛发，主毛也称为被毛或护毛，次毛也称为底毛。猫的次毛远远多于主毛，在背部二者的比例为10∶1，腹部的比例为24∶1。猫的毛发从形态上分为三类：粗而直，毛尖渐细的护毛；较细，接近毛尖处略略肿胀的芒毛；最细，均匀且弯曲的柔毛。猫皮肤里还有皮脂腺和汗腺。皮脂腺的分泌物呈油状，能使被毛变得光亮、顺滑。猫汗腺不发达，不能像人的汗腺那样参加体温调节。猫散热是通过皮肤辐射散热或呼吸散热。

1. 长毛型　长毛型猫（如波斯猫和喜马拉雅猫）的被毛非常茂密，甚至能使猫的体形扩大一倍，底层被毛是猫体形扩大的主要原因。长毛猫在温暖的季节会大量脱毛，而使外形发生很大的变化。

2. 半长毛型　有些长毛猫如土耳其安哥拉猫，被毛不太茂密，因此有时被归为半长毛型猫。

3. 短毛型　短毛型猫的短毛在外观和质地上有所不同，可能是短而光亮，紧贴身体；也可能身体各处的毛长短不一。被毛质地或细腻或粗糙，或厚密或松软；毛或直或皱或卷，或呈波浪状。

4. 卷毛型　德文卷毛猫全身由丰富的软毛覆盖，不应有任何赤裸的皮肤，被毛在身体和尾部有较明显的波浪，用手摸上去十分光滑。柯尼斯卷毛猫呈完美的波浪状的弯曲被毛，被毛非常短，紧贴身体。

5. 无毛型　加拿大无毛猫身上有一层绒毛，尤其是在脸、耳、脚和尾巴上。

相关知识链接

一、犬业协会介绍

1. 美国犬协（American Kennel Club）　简称为AKC，于1884年9月成立。犬展最早于

1859年在英国兴起，然后蔓延到美国。到1876年在纽约举行第一届西敏寺犬展的时候，美国各地已经有各色各样具本地特色的犬只比赛，但各地都各自为政，没有一个统一的运作模式，对各种犬种也没有统一的标准。经过多年的努力与酝酿，在1884年9月17日，12个犬会的10位代表集结在宾夕法尼亚州的费城，以费城犬会的泰来（J.M.Taylor）与伊利沃（Elliot）为召集人，宣布成立美国犬协（AKC）。AKC从成立时开始，并不是一个个人可以参加的犬会，亦没有个人会员。它的会员都是美国各地的犬会、俱乐部这样的团体。个人可以在自己所住的地区参加当地犬会而成为会员。

由于犬展数目和参展犬只愈来愈多，AKC从1900年开始实行犬展积分制度。这是为了鼓励人们积极参加比赛和争取犬只更高荣誉。参展愈多积分愈高。凡是参加250只犬以下的全犬种犬展并在犬种性别胜出可得1分，参加有超过1000只犬参加的全犬种犬展并在犬种性别胜出最高可得5分。要成为记录冠军犬（Champion of Record），积分必须不低于15分。

1934年在AKC总部建立的犬只图书馆，是目前世界最大的犬只图书馆。藏有1.8万份资料，包括书本、杂志、录像等。1935年AKC犬只登记数目突破100万。之后犬只的登记数目持续增长，现在每年平均有100万只犬登记。

美国犬协（AKC）是目前世界最大的纯种犬协会，拥有584个团体会员和超过4000个结盟犬会或协议伙伴。在美国各地每年举行超过1.6万次的犬展。

2. 英国犬协（Kennel Club） 简称为KC，于1874年4月成立，其目的是对所有纯种犬加以登记注册，并承办犬展活动。KC随即在1874年6月举办第一次犬展，共有975只犬参加了这场名为水晶宫展的比赛。很快地，KC就制定了优胜犬只的授奖办法，以优胜证明书来作为得奖的奖励，而此证书也成为具冠军资格犬只的证明。KC不但是世界上最古老的犬协会，也是3个公认对犬种分类最有影响力的组织之一，至今已认定的犬种超过190种，每年主办犬展并闻名于世。

3. 国际育犬联盟（Fédération Cynologique Internationale） 简称为FCI，于1911年成立，其创始会员国包括德国、奥地利、比利时、法国、荷兰等。先后在欧洲、拉丁美洲及南美洲、亚洲、非洲、大洋洲及澳洲5个区设立分支。已认定的犬种有340种以上，其中包括一些在原产国之外不为人们熟知的犬种。FCI是一个以协调为主的组织，它并不处理犬只的注册事宜，它是一个国际性的犬业机构，总部位于比利时的蒂安省。虽然是一个统一的国际性组织，但是FCI有比较强的兼容性，它包含有79个成员机构，其中日本的JKC，法国的SCC以及中国台湾的KCC等都是其成员机构。这些机构保留有自己的特性，但归属于FCI统一管理，并且使用共同的积分制度。FCI的主要职责包括：监察其会员机构每年举办4次以上的全犬种犬展；统一各个犬种原产国的标准，并广泛公布；制定国际犬展规则；组织、评审以及颁发冠军登录头衔；制定协会成员血统记录，认定犬种标准。

4. 亚洲育犬联盟（Asia Kennel Union） 简称为AKU，是国际育犬联盟在亚洲的分支机构，其在日本下属机构简称为JKC（Japan Kennel Club），在中国台湾的分支机构则简称KCC。

5. 中国畜牧业协会犬业分会（China National Kennel Club） 简称为CNKC，是在原中国犬业协会的基础上，经农业部和民政部批准，由从事犬业及相关产业的单位和繁育、饲养、爱犬人员组成的全国性唯一全犬种行业内联合组织。宗旨是整合行业资源、规范行业行为、开展行业活动、维护行业利益、推动行业发展，在行业中发挥管理、服务、协调、自律、监督、维权、咨询、指导作用。

6. 中国纯种犬俱乐部（China Kennel Club） 简称为CKC，成立于2004年，是目前国内最大最专业的犬展组织机构。长期以来CKC一直通过在全国各地举办犬展来普及纯种犬理念。为了使中国纯种犬的繁殖与国际犬业组织接轨，使国内纯种犬的管理和繁殖更加系统化、更加优化，进而保证CKC会员利益，CKC将参考国际犬业组织的纯种犬繁殖登记管理方式，对国外以及中国香港、澳门和台湾地区进入到中国大陆范围的纯种犬进行纯种犬鉴定、注册登记，并对CKC承认的国际犬业组织所核发的血统证书将进行统一登记。

二、中国光彩事业促进会犬业协会（CKU）犬种比赛的规则

1. CKU犬种群分组（采用FCI规则）
2. CKU参赛犬年龄段分组

（1）特幼组。4～6月龄（比赛当天满4月龄，但是不足6月龄的犬）。

（2）幼小组。6～9月龄（比赛当天满6月龄，但是不足9月龄的犬）。

（3）幼年组。9～18月龄（比赛当天满9月龄，但是不足18月龄的犬）。

（4）中间组。15～24月龄（比赛当天满15月龄，但是不足24月龄的犬）。

（5）公开组。15月龄以上（比赛当天满15月龄及以上年龄的犬）。

（6）冠军组。冠军组参赛条件：拥有国际冠军头衔的犬只；参赛犬为CKU正式注册犬只；报名时需要提供具有冠军头衔标识的血统证书复印件或冠军登录证书复印件；冠军犬需要有明确的身份识别标识或芯片号码。

3. 不能参赛的犬只
人为改变毛色毛质的犬；为了美容和繁殖能力进行手术的犬；有攻击人或攻击其他犬只现象的犬；患病犬；残疾犬和畸形犬；单睾、隐睾和睾丸萎缩的公犬；发情母犬、哺乳期母犬和怀孕母犬；没有列入比赛秩序册的犬；其他组委会认为不具备参赛资格的犬。

4. 等级评定

（1）"优秀"级别。只可以授予那些非常接近犬种理想标准的犬只；它具备极好的身体条件；表现出协调稳定的性情，具有高贵出色的体态。在它出众的特征面前，可以忽略掉它极其轻微的瑕疵。无论如何它必须具有典型的性别特征。

（2）"很好"级别。只可授予具有典型犬种特征的犬只；体态均衡、体格健康；少许的缺点可忽略不计，但丝毫不能允许自然体态的缺陷。

（3）"好"级别。必须用以具有犬种主要特征，但显示出无法隐藏的缺陷的犬只。

（4）"及格"级别。必须用以充分符合相应犬种特征，但不具备被普遍认可的犬种的典型特点，或不具备可持续期待的身体条件。

（5）"不及格"级别。不符合犬种标准要求的犬只被认为是不合格犬只。这种类型的犬习性明显不符合所属的犬种标准；或者具有攻击性，睾丸变异，有牙齿缺陷或额骨不规则；毛色或皮毛不理想或者明显表现出皮肤病的特征，难以符合犬种标准以至于有健康问题；同时也包括繁殖标准里不能允许的犬种缺陷。

（6）"无法鉴定"。包括那些不善跑动，在牵犬手旁不断上下跳跃，或设法从套环中获

得逃脱，以至于无法使裁判评估它的步态和节奏的犬只；经常躲避裁判的检查造成无法诊断咬合、齿颌、骨骼结构、毛发、尾部或睾丸情况的犬只；试图欺骗裁判，掩盖接受过手术和治疗痕迹的犬只，同样裁判对其有充足的理由质疑，手术是为了有意改变犬只原始特征或某些最初状况，例如眼睑手术、耳或尾部手术。

5. 奖项设置

（1）单犬种奖项。获得单犬种最佳公犬WD（Winner Dog）、单犬种最佳母犬WB（Winner Bitch）将被授予晋级条。获得单犬种冠军BOB（Best of Breed）将被授予缎带。获得异性别最佳优胜者BOS（Best of Opposite Sex）将被授予奖状。

（2）犬种群奖项。获得犬种群的前四名BIG（Best in Group）将获得奖杯、缎带。

（3）全场总冠军奖项。获得全场总冠军的前四名BIS（Best in Show）将获得鲜花和奖杯、缎带。

（4）低龄组别PUPPY组奖项。由4～6月龄组别和6～9月龄组别两个组别组成的奖项，设置参考以上奖项执行。

6. 参赛特别注意事项

（1）参赛人员应自觉遵守当地治安管理条例。

（2）参赛会员需持有国家要求的相关的防疫免疫证明文件并接受管理人员查验。

（3）参赛选手穿着正装，不应穿着休闲和运动类服装等上场比赛。

（4）比赛当日参赛会员必须携带《血统证书》或《鉴定证书》原件。

（5）参赛犬上场前需要扫描电子芯片确认犬只身份，芯片与登记不同视为非同一犬只不可上场比赛，没有芯片的参赛犬可以到赛场补埋。

（6）所有参赛人员必须无条件服从裁判的裁决并接受比赛结果。

（7）未报名参赛的犬只及非会员的犬只严禁进入比赛区域。

（8）参赛期间，参赛犬如出现任何的疾病症状，请及时到现场兽医处诊断治疗。

（9）参赛会员应该自觉维持赛场内外的环境卫生，及时清理自己爱犬的排泄物。

（10）参赛会员应该看护好自己的参赛犬，避免出现攻击人或攻击其他参赛犬的行为。

（11）未经组委会书面许可，参赛者禁止在赛场内和赛场四周散发各类宣传品。

（12）报名一只犬参加比赛，可允许两名携犬参赛人员进入备赛区，其余相关人员请到观众区观看比赛。

（13）参赛人员必须严格遵守比赛场馆内严禁吸烟的规定。

（14）参赛会员必须无条件听从现场工作人员管理。

三、美容师的职责

任何想成为一名宠物美容师的人都应具有爱心、耐心、细心、自信心、责任心。要热爱宠物行业，全身心地投入，力求做到最好。在学习及工作中要有极大的耐心，不能因练习中的劳累、枯燥而表现出烦躁的情绪。要对自己有绝对的信心，给自己制订目标，并通过不懈努力来达到。在学习的过程中要锻炼自己的责任心、耐心，通过学习达到这一行业的标准要求。

要想成为一名合格的宠物美容师，必须尽量将宠物变得完美。所以一名称职的美容师不单单只是会使用工具进行修剪，还要了解更多相关的宠物品种与美容知识，如发展史、宠物的骨骼、体躯特点，宠物的被毛、性格，不同类型宠物在社会中的作用，宠物疾病对美容的影响等。美容已成为一门专业的，具有综合性、知识性、艺术性等特点的多元化学科；成为一项工作技能。

复习与思考

1. 了解犬美容的来源与历史。
2. 熟悉犬、猫的一般分类及意义。
3. 了解现代专业犬展的犬种分类。
4. 查阅相关资料，了解美容展及犬展的相关内容。
5. 要成为一名宠物美容师，应达到什么样的行业条件？
6. 犬美容的意义有哪些？
7. 宠物美容师在美容前后应注意的事项有哪些？在实际操作中是如何掌握的？

项目二　犬、猫的外貌形态与骨骼结构

内容提要

犬、猫的外貌形态是犬在长期的自然进化与人为驯化过程中形成的特有的品种特点，只有充分了解它，才能更好地进行犬和猫的养护与美容工作。

基础知识

一、犬的外貌形态与骨骼结构

（一）犬的外貌形态（图1-2-1）

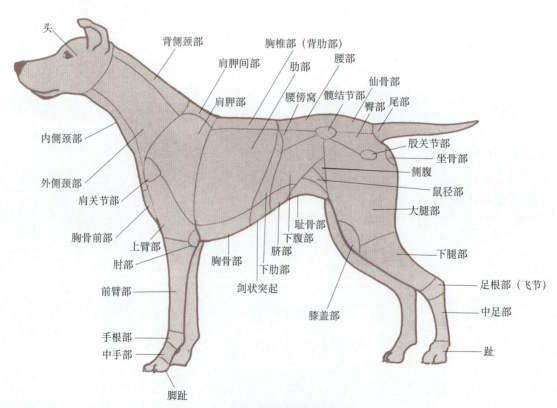

图1-2-1　犬的身体部位结构

（二）犬的骨骼结构（图1-2-2）

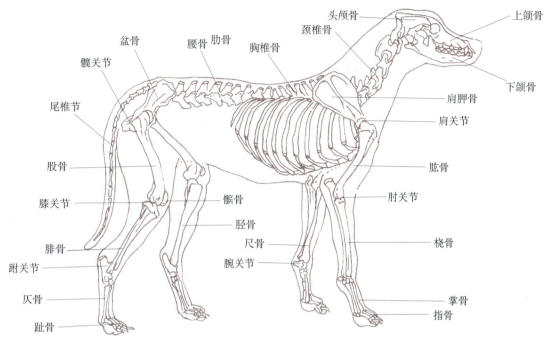

图1-2-2　犬的骨骼结构

二、犬的牙齿生长规律及咬合状态

（一）犬的牙齿（分为乳齿与永久齿）

1. 乳齿　犬出生后3周开始生长门齿、前臼齿，出生后40d长齐，此时第一前臼齿和后臼齿还没长出；乳牙上颌14个，下颌14个，共28个。

2. 永久齿　成犬的牙齿数为：上颌前部左右分别按切齿3个、犬齿1个、前臼齿4个、后臼齿2个的顺序共计20个；下颌由前方至左右分别按切齿3个、犬齿1个、前臼齿4个、后臼齿3个的顺序共计22个；上下合计牙齿数为42个。犬的头颅骨分为3种：长头颅骨、短头颅骨和中头颅骨。长头颅骨永久齿42个；短头颅骨永久齿38个。牙齿的结构如图1-2-3所示。

（二）犬的咬合形式（图1-2-4）

（三）犬的牙齿生长规律

根据牙齿生长情况与磨损程度来判定犬的年龄；犬的寿命一般在15年左右，但不同品种的犬种，其寿命有所不同，小型犬比大型犬的寿命更

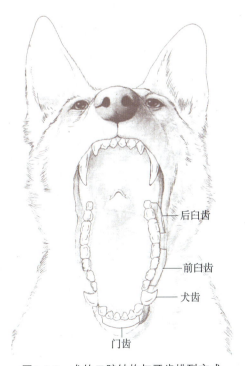

图1-2-3　犬的口腔结构与牙齿排列方式

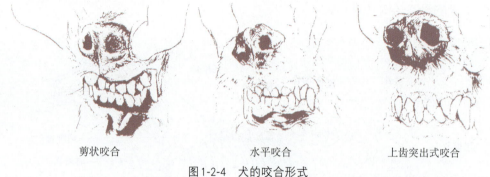

剪状咬合　　　　　　　水平咬合　　　　　　　上齿突出式咬合

图1-2-4　犬的咬合形式

长些。判别同龄的犬在不同的营养状况下、不同的饲养环境中与不同的养护方法下的犬齿生长与磨损状况。另外，可以判断宠物犬的生理年龄与实际年龄是否相符。

（1）犬出生20d左右开始长牙；4~6周龄乳门牙长齐；近两月龄时，乳牙全部长齐，呈白色，细而尖。

（2）2~4月龄更换第一乳门齿；5~6月龄更换第二、第三乳门齿及乳犬牙；8月龄以后全部换上恒齿，即永久齿；1岁恒齿长齐，洁白光亮，门齿上部有尖凸。

（3）1.5岁下颌第二门齿大尖峰，磨损至小尖峰平齐，此现象称为尖峰磨灭；2.5岁下颌第二门齿尖峰磨灭；3.5岁上颌第一门齿尖峰磨灭；4.5岁上颌第二门齿尖峰磨灭；5岁下颌第三门齿尖峰稍磨损，下颌第一、第二门齿磨损面为矩形；6岁下颌第三齿尖磨灭，犬齿钝圆；7岁下颌第一门齿磨损至齿根部，磨损面为纵椭圆型；8岁下颌第一门齿磨损面向前方倾斜；10岁下颌第二及上颌第一门齿磨损面呈纵椭圆形。

（4）10~16岁门齿脱落，犬齿不齐。

三、猫的骨骼结构（图1-2-5）

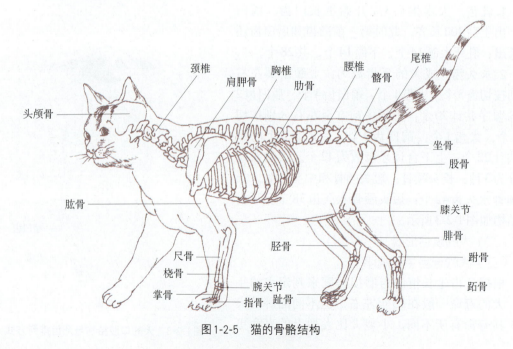

图1-2-5　猫的骨骼结构

四、猫的牙齿生长与特点

（一）猫牙齿的生长发育

猫牙齿的生长经过两个阶段，即乳齿阶段和永久齿阶段。

1. 乳齿阶段　共有26颗牙齿，上颌6颗乳切齿，2颗乳犬齿，6颗乳前臼齿；下颌6颗乳切齿，2颗乳犬齿，4颗乳前臼齿。

2. 永久齿阶段　共30颗牙齿，上颌6颗切齿，2颗犬齿，6颗前臼齿，2颗后臼齿；下颌6颗切齿，2颗犬齿，4颗前臼齿，2颗后臼齿。

（二）猫牙齿生长和换牙的规律

猫的牙齿特点常可作为猫年龄的鉴定依据。

第一乳切齿：2～3周长出；第二乳切齿：3～4周长出；第三乳切齿：3～4周长出；第一切齿：3.5～4个月长出（换牙）；第二切齿：3.5～4个月长出（换牙）；第三切齿：4～4.5个月长出；乳犬齿：3～4周长出；犬齿：5个月长出（换牙）。

第一乳前臼齿：2个月左右长出（上颌有，下颌无）；第二乳前臼齿：4～6个月长出；第三乳前臼齿：4～6个月长出；第一前臼齿：4.5～5个月长出；第二前臼齿：5～6个月长出；第三前臼齿：5～6个月长出；第一后臼齿：4～5个月长出。

出生后第5个月，猫开始换犬齿，这时候掰开猫的嘴巴，常可以看到猫犬齿部分的牙龈略微发红，这是要长新牙的征兆。再过1～2周的时间，可以看到猫的上颌或者下颌有四颗犬齿，即同一个犬齿位置上有两颗牙，一颗略显粗大，这就是新长出来的牙。随着新牙的生长，乳犬齿慢慢被顶松、脱落，被猫吐出来。猫处于换牙阶段，可能会食欲不振，这时一方面要注意观察猫嘴巴里的牙齿生长情况，另一方面要为它提供易嚼的食物，以保护新生牙齿。但猫的牙齿经过保健和清洁可以延长其使用寿命，同时也可使猫的寿命延长。

相关知识链接

一、对美容及护理犬只的训练

为了便于对犬进行护理与美容，防止意外发生，在幼犬时就要对其进行护理方法的相应训练。生后一个半月即可开始一些训练内容。

（1）让犬站立在桌子上，可每日适当延长其站立时间。

（2）让犬睡在桌子上，且每日逐渐延长时间，如此持续一个月。若幼犬表现良好可予以鼓励，消除其恐惧心理。

（3）当犬习惯于在美容台上站立后，要经常给犬梳毛、抚摸，渐渐地使犬进入到状态中。出生3个月以后的幼犬，要训练它不要由工作台上跳下。

（4）在训练的过程中还要制止犬的狂吠，让犬有安全感；让犬乐于被护理和美容。美容师要有极强的耐心，并逐渐培养对狗的感情。

（5）要注意一次不能抱两只犬。有多动症的犬要先令其安静再进行护理。有恐惧心理和警戒心的犬，要边唤其名字边靠近，在其视线下方用手抚摸，使其安定。实际工作中会接触各种各样的犬，应先观察其神态再行动。

二、犬的头部、脚、前肢、下颌部及其他部位的结构图（图1-2-6）

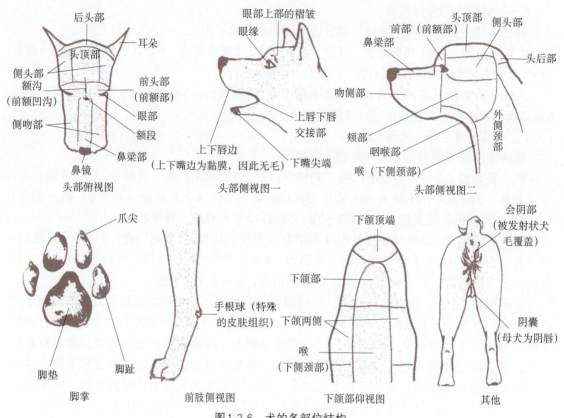

图1-2-6 犬的各部位结构

复习与思考

1. 熟识犬、猫的外貌体型部位及骨骼结构图。
2. 判定犬的牙齿状况与年龄状况是否相符，进而确定犬的健康状况，并加以说明。
3. 仔细观察犬、猫的牙齿生长情况，说明其生长与更换规律与年龄鉴定的关系。

项目三

犬、猫的皮肤特点

内容提要

皮肤位于犬、猫的身体表面，而其表面的毛、爪是表皮的角化层，对位于它下面的组织和器官具有机械性保护作用。因此说皮肤既能防护、限制各种有害因素的穿透，又能有效地防止水分过度蒸发。皮肤的厚薄会随着品种、年龄、性别以及身体的不同部位而异，老龄犬皮肤比幼犬的厚，背部和四肢外侧比腹部和四肢内侧的皮肤厚；寒冷地区的犬皮肤比温暖地区的犬皮肤厚。被毛对各种物理和化学的刺激具有很强的防护力，但有时会因外界的强烈刺激而损伤，如细菌、病毒、寄生虫及外伤等，因此日常的皮肤护理与保健至关重要。

一、犬、猫的皮肤结构与功能

皮肤被覆于犬、猫的体表，直接与外界接触，是一道天然屏障。由复层扁平上皮和结缔组织构成，皮下有大量的血管、淋巴管、皮肤腺及丰富的感受器。

（一）皮肤的构造

皮肤由表皮、真皮和皮下组织构成。

1. 表皮 为皮肤的最表层，由复层扁平上皮构成。表皮的厚薄因部位不同而异，如长期受磨压的部位较厚。表皮结构由内向外依次为生发层、颗粒层、透明层和角质层。

（1）生发层。为表皮的最深层，由多层细胞构成，深层细胞直接与真皮相连。生发层细胞增殖能力很强，能不断分裂产生新的细胞，以补充表层角化脱落的细胞。

（2）颗粒层。位于生发层外，由1～5层梭形细胞构成。细胞界限不清，细胞质内含有嗜碱性透明角质颗粒，颗粒的大小和数量向表层逐渐增加；细胞核小，有退化趋向，表皮薄处此层薄或不连续。

（3）透明层。是无毛皮肤特有的一层，位于颗粒层之外，由数层互相紧密连接的无核扁平细胞组成。细胞质内有由透明蛋白颗粒液化生成的角母素，故细胞界限不清，形成均质透明的一层。该层在鼻镜、乳头、足垫等无毛区内明显，其他部位则薄或不存在。

（4）角质层。为表皮的最表层，是数层完全角质化了的扁平细胞，细胞内充满角蛋白，彼此紧密连接并继续向表层推移。老化的角质层形成皮屑而脱落。角质层对外界的物理、化学作用具有一定的抵抗能力。

2. 真皮 位于表皮层下面，是皮肤中最主要的、最厚的一层，由致密结缔组织构成，坚韧而有弹性。真皮内分布有毛、汗腺、皮脂腺、竖毛肌及丰富的血管、神经和淋巴管。真皮又分为乳头层和网状层，两层相互移行，无明显界限。

（1）乳头层。位于表皮之下，较薄，由纤细的胶原纤维和弹性纤维交织而成，形成许多圆锥状乳头伸入表皮的生发层内。乳头的高低与皮肤的厚薄有关，无毛或少毛的皮肤，乳头高而细；反之，乳头则少或没有。该层富有毛细血管、淋巴管和感觉神经末梢，具有为表皮提供营养和感受外界刺激的作用。

（2）网状层。在乳头层深面，较厚，由粗大的胶原纤维束和弹性纤维交织而成，细胞比乳头层少，内含较大的血管、神经和淋巴管，并分布有汗腺、皮脂腺和毛囊等。

3. 皮下组织 又称浅筋膜，位于真皮之下，主要由疏松结缔组织构成。皮肤通过皮下组织与深部的肌肉或骨相连，并使皮肤有一定的活动性。皮下组织中有大量脂肪沉积，脂肪具有贮藏能量和缓冲外界压力的作用。有的部位的脂肪变成富有弹力的纤维，形成犬、猫指（趾）的枕。

（二）皮肤的机能

皮肤是重要的感觉器官，能感受温、冷、触、压、痛等刺激。同时，皮肤还通过汗腺和皮脂腺的分泌，排泄体内的代谢废物，参与体温调节。

皮肤内的血管系统是机体的重要储血库之一，最多可容纳循环总血量的10%～30%。皮肤中的维生素D原经日光照射生成维生素D。

皮肤表面经常保持着酸性反应，在皮肤代谢过程中，又不断生成溶菌酶和免疫抗体，从而增强皮肤对微生物的抵抗力。

二、犬、猫的皮肤衍生物

（一）毛

毛由表皮衍化而来，坚韧而有弹性，是温度的不良导体，具有保温作用。毛在犬体上按一定方向排列为毛流。毛的尖端向一点集合的为点状集合性毛流；尖端从一点向周围分散为点状分散性毛流；尖端从两侧集中为一条线的为线状集合性毛流；如线状向两侧分散的为线状分散性毛流；毛干围绕一个中心点成旋转方式向四周放射状排列的为旋毛。毛流排列形式因犬体部位不同而异，一般地说它与外界气流和雨水在体表流动的方向相适应。

1. 毛的形态和分布 犬唇部的触毛在毛根部富有神经末梢，为感觉触毛。犬的被毛可分为粗毛、细毛和绒毛三种。

（1）粗毛。粗毛是被毛中较粗而直的毛。弹性好，它与神经触觉小体紧密连接，故在犬体上起着传导感觉和定向的作用。

（2）细毛。细毛的直径小，长度介于粗毛和绒毛之间，弹性好，色泽明显。有的细毛具有一定的色素，使被毛呈特殊的颜色。细毛起着防湿、保护绒毛以及使绒毛不易黏结的作用，关系到被毛的美观及耐磨性。

（3）绒毛。绒毛是被毛中最短、最细、最柔软和数量最多的毛。占被毛总量的95%～98%。分为直形、弯曲形、卷曲形、螺旋形等形态。在被毛中形成一个空气不易流通的保温层，以减少机体的热量散失。但对犬来说，绒毛和细毛使其在夏天散热困难。

猫的被毛大致可分为针毛和绒毛两种，针毛粗、硬且长，绒毛细、短而密。被毛的颜色有黑色、白色、红色、青灰色、褐色以及组合色，如银灰色、巧克力褐色、丁香色、奶油色等。猫的被毛有着重要的生理功能。首先，它能防止体内水分的过分丢失，缓冲意外的摩擦冲撞等机械性损伤，以保护机体的安全；其次，稠密的被毛在寒冷的冬天具有良好的保暖性能；最后，在炎热的夏天，被毛又是一个大散热器，起到降低体温的作用。

2. 毛的构造 毛由角质化的上皮细胞构成，分为毛干和毛根两部分。毛干露于皮肤外，毛根则埋在真皮或皮下组织内。毛根的基部膨大，称为毛球，其细胞分裂能力很强，是毛的生长点。毛球的底缘凹陷，内有真皮伸入，称为毛乳头，富含血管和神经，供应毛球的营养。毛根周围有由表皮组织和结缔组织构成的毛囊，在毛囊的一侧有一条平滑肌束，称为立毛肌，受交感神经支配，收缩时使毛竖立。

3. 换毛 最早生成的毛发是胚胎形成中嘴四周的触毛，毛囊的发生是因为表皮细胞繁殖太快，毛芽产生，细胞分裂，最初的毛芽便掉落在真皮中。随后生成皮脂腺和汗腺，接着由毛囊底侧向内部形成一个毛乳头。毛囊的数量由遗传基因决定，这个数也是决定犬种特征的一个因素。注意在毛囊形成时需要营养，特别是妊娠4周前后的营养对毛量影响很大。毛根是从皮肤的斜面中长出来的，生成的角度由毛囊的角度决定。此外在不同的身体部位生成角度也是有差异的。㹴类犬的毛囊与皮肤的倾斜角度约为20°，被毛与皮肤面成钝角。在身体的各连接部如颈侧、前胸、肘、下胸、骨盆等处易长出杂乱的毛旋。

当毛长到一定时期，毛乳头的血管衰退，血流停止，毛球的细胞也停止生长，逐渐角化，而失去活力，毛根即脱离毛囊。当毛囊长出新毛时，又将旧毛推出而脱落，这个过程称为换毛。受季节的影响，养在室外的犬、猫一般每年春、秋换毛两次；养在室内的犬、猫因长时间不暴露于日光下，整年都会脱毛，但以春、秋两季脱毛较多。

毛发脱落是犬的毛发生长循环中的自然部分。并不是每一处的毛发都是同时或同速生长，因此，犬身体的某一部位可能在脱毛，而另一处的毛发却在生长。毛发的生长与脱落受到很多因素的影响，包括因季节变换而引起的气温和光照的变化、激素水平或饮食情况。雌犬在怀孕和哺育幼犬的时候脱毛更加严重。

犬的正常脱毛无需紧张，有些犬种的身上有两层毛皮，如德国牧羊犬，有时候它们成束地脱落里层浓密的毛。有些犬种在换季的时候，侧腹部会长出薄薄的一层毛，比如说杜宾犬、英国牛头犬和比格犬。犬在换毛的时候，通常皮肤的颜色会比平常更深。换毛的具体时间会因犬而异，在暖季毛皮会变薄一些，用来降温；而到冬天又会再次变厚，利于保暖。

总之，犬的被毛每天都在代谢，随着季节的变换，有的犬会有被毛大量的脱换现象。犬出生后3个月，胎毛逐渐脱落。毛的脱换与激素的分泌有关，另外日照、紫外线刺激等也会影响到毛的生长与更换。毛发生长速度和皮肤的血液循环有关。温暖的季节，血液循环通畅，毛发生长加快。营养是毛生长与更换重要条件，营养好，毛的生长快；反之，毛的生长就慢。妊娠期母犬营养不足的话，其仔犬的毛囊将发育不全，且被毛细软无力。

（二）皮肤腺

皮肤腺包括汗腺、皮脂腺和乳腺等，位于真皮或皮下组织内。

1. 汗腺 汗腺为盘曲的单管腺，由分泌部和导管部构成。分泌部蜷曲成小球状，位于真皮的深部；导管部细长而扭曲，多数开口于毛囊，少数开口于皮肤表面的汗孔。犬的汗腺不发达，只在鼻和指的掌侧有较大的汗腺，所以散热量很少，调节体温的作用不强。

猫仅有的汗腺在趾垫之间。猫的汗腺不发达，不像人的汗腺那样积极参与体温的调节。猫的散热是通过用舌头舔被毛将唾液涂抹在被毛上辐射散热，或像犬那样通过呼吸来散热，但这种散热的效率比出汗蒸发散热要差，所以，猫虽喜暖，但又怕热。

2. 皮脂腺 皮脂腺为分支的泡状腺，位于真皮内，近毛囊处。其分为分泌部和导管部：分泌部呈囊状，但几乎没有腺腔；导管部短，管壁由复层扁平上皮构成，开口于毛囊，极少数开口于皮肤表面。皮脂腺分泌皮脂，可润滑皮肤和被毛，以使皮肤和被毛保持柔韧，并防止干燥和水分的渗入。犬皮脂腺发达，其中唇部、肛门部、躯干背侧和胸骨部分泌油脂最多。大多数适应水中工作的犬都有一身油性皮毛，在水中游泳时，能保持皮毛的干燥。

猫的皮脂腺的分泌物呈油状，在猫梳理被毛时被涂到毛上，从而使被毛光亮、顺滑。猫的皮脂腺分泌物中富含维生素D，当猫舔被毛时可摄入和补充体内缺乏的维生素D。

3. 特殊的皮肤腺 一般指由汗腺和皮脂腺衍生的腺体。由汗腺衍生的，如鼻镜腺；由皮脂腺衍生的有肛门腺（犬的肛门腺发达，位于肛门两侧）、包皮腺、阴唇腺、睑板腺等。

（三）枕和爪

1. 枕 犬、猫的枕很发达，可分为腕（跗）枕、掌（跖）枕和指（趾）枕，分别位于腕（跗）、掌（跖）和指（趾）部的掌（跖）侧面。枕的结构与皮肤相同，分为枕表皮、枕真皮和枕皮下组织。枕表皮角质化，柔韧而有弹性；枕真皮有发达乳头和丰富的血管、神经；枕皮下组织发达，由胶原纤维、弹性纤维和脂肪组织构成。枕主要起缓冲作用。

2. 爪 犬、猫的远指（趾）骨末端附有爪，相当坚硬，具有防御、捕食、挖掘等功能。可分为爪轴、爪冠、爪壁和爪底，均由表皮、真皮和皮下组织构成。

（四）引起皮毛异常的原因

如果犬出现全身或部分的毛发脱落，往往是患上某种潜在疾病的征兆。因此，在发现犬身上有秃斑、皮肤的颜色不正常、上面有结痂或者它的毛皮看上去非常稀疏的时候，犬主要向兽医咨询意见。一般情况下，犬秃斑并伴有过度的舔吮和抓挠通常是它感染寄生虫或者过敏的征兆。如果犬皮肤呈鳞状或者变色，但又无明显的疥癣，则会怀疑它患上了癣菌病或者其他的皮肤病，要及时治疗。通常引起皮肤异常的原因有以下几方面：

1. 激素分泌失调 毛皮变薄有时候是因为激素分泌失调引起的，如甲状腺机能不足或甲状腺机能亢进。毛发可能会很容易落光，并在两侧腹部形成对称的秃斑，而受到感染的皮肤可能会变黑。通常也还有其他的一些症状，如果犬的甲状腺激素水平太低，它就会寻找暖和的地方待着，不愿意运动且易发胖。一般要通过检验血样才能作出诊断，偶尔还要进行皮肤活组织检查，并对症下药进行治疗。

2. 吮吸肉芽瘤 有时候犬会特别地吮吸身体的一个部位，通常是脚或腿的下部，由于过于频繁和剧烈，以至于出现了秃斑，皮肤变得溃烂而疼痛。有时是由于烦躁无聊等行为或者心理上的问题引起的；有时是因为患上了某种皮肤病，比如说过敏性细菌感染。如果不及时治疗，长出的肉芽有时候要很久才能治愈。局部的药物治疗通常可以控制皮肤发痒，但治愈还要彻查病因，采取相应措施。

3. 皮肤过敏 个别犬种的皮肤格外敏感，经常性的美容是为了保持皮毛的健康，而过度的美容会使皮肤更加脆弱。宠物犬可以每天梳理刷拭，但有的犬种需要更为细心的保健。如果犬的皮肤呈白色、浅粉红色，毛发稀疏或没有毛发，那么它对干燥的空气、风、阳光，以及香波、保健液、护毛素等都会更加敏感，有时会表现晒伤斑及异位性皮炎。如阿富汗猎犬、巴吉度犬、比熊犬、波士顿㹴、斗牛犬、中国冠毛犬、沙皮犬、美国可卡犬、大麦町犬、北京犬、八哥犬、西高地白㹴、惠比特猎犬、白色贵宾犬、黄色拉布拉多犬等。

美容时所用的钉耙梳、剪刀和电剪刀等，对犬来说都是潜在的威胁。使用工具时要轻拿、轻放、轻使用，如果犬已经患有皮肤病，则要格外小心。皮肤机能失调也会由于美容方式不当而引起或加重。

许多犬都会因食物、外部环境或吸入异物而引起过敏反应。过敏症状最容易反映在犬类的皮肤上，最常见的是由跳蚤唾液引起的过敏性皮炎。过敏反应还会与皮疹、荨麻疹及严重的瘙痒同时发作。过敏能诱发皮肤疾病，如瘙痒导致犬抓挠、舔舐被毛与皮肤，造成皮肤与被毛受伤。例如，苏格兰牧羊犬因皮肤病而导致被毛脱落、皮肤潮红，为了更好地治疗，甚至要剃光犬全身的被毛。

4.寄生虫病 寄生虫可以分为外寄生虫和内寄生虫，外寄生虫主要包括跳蚤、虱、蜱、疥螨、蠕形螨；内寄生虫主要包括蛔虫、钩虫、绦虫、心丝虫等。跳蚤、虱可引起动物瘙痒、抓挠，皮肤红点、破溃，甚至细菌感染；跳蚤、虱、蜱的大量感染可以引起动物贫血，皮毛暗淡无光；疥螨、蠕形螨的感染可引起皮肤瘙痒、红肿、掉毛，严重时可引起皮肤增厚和色素沉积，多见于四肢和头部。内寄生虫的大量感染可以引起动物营养不良，消瘦，皮毛干燥、晦涩。其中钩虫可钻入皮肤，引起皮肤感染发炎（多见于爪部）；绦虫的孕卵节片可在肛周活动，引起肛门瘙痒，动物啃咬引起肛周尾根发炎，并可在肛周毛发上见到芝麻粒大小、干燥、卷缩的孕卵节片。

5.皮肤细菌感染 主要为葡萄球菌感染，常见浅层脓皮症、深层脓皮症。可见局部、多部位或全身性丘疹、红斑、脓疱，严重者出现皮肤红肿、糜烂、溃疡，甚至化脓性感染。被毛枯燥、无光泽，皮屑过多及不同程度的脱毛，瘙痒程度不等。

6.皮肤真菌感染 常见典型症状为脱毛、圆形鳞斑、红斑性脱毛斑或结节，也有无皮屑但局部有丘疹、脓疱，被毛易折断等症状。真菌症状较为复杂，易与其他皮肤病混淆，应做实验室检查区分，但真菌引起局部脱毛的现象较为常见。

7.营养性疾病 均衡的营养对保持良好的皮毛状况至关重要，因而动物的皮毛健康状况是衡量动物营养状况的既显著又灵敏的指标之一。影响宠物（犬、猫）皮毛健康的营养因素主要包括：蛋白质、氨基酸、脂肪酸、某些矿物质、维生素等。长期的营养不良会引起皮毛无光泽、脱毛、皮屑较多等现象。维生素、微量元素的缺乏也会引起一系列的皮肤问题，如：维生素B_2的缺乏会造成皮肤皮屑增多或产生红斑；维生素A的缺乏会造成皮肤角化问题，皮肤皮屑增多，被毛暗淡易脱落，常见的为美国可卡犬的维生素A应答性皮肤病；微量元素锌的缺乏会引起角化过度，嘴、眼周围、下颌、耳朵上出现红斑、脱毛、结痂和鳞屑，哈士奇最为多见。

（五）保护皮毛的方法

1.防止擦伤和剪伤 通常是刷理时太过用力或电剪温度过高而引起的皮肤问题，因此刷理要温柔，特别是用锋利的金属钉耙梳时。除去毛团时要缓和轻柔，切忌拖拉。使用针梳时也要格外谨慎。电剪使用后要随手关掉，以便降温；也可以用冷却剂降温；使用时美容师要不时地轻触刀头，确保温度不过高；切忌用电剪处理敏感部位超过两次，如下颌和颈部，尤其是使用10号和15号刮刀时。

2. 巧妙地使用"伊丽莎白颈圈" 这是一种大而圆的锥形塑料项圈，能围住犬的头部，防止其接触到皮肤。大多数犬不喜欢戴这个装置，但当犬忍不住要刺激患病皮肤时，项圈仍很有必要，同时也防止刚刚进行药浴的犬舔舐皮毛和伤口而引起中毒。

3. 合理地使用美容产品 有些犬对美容保健用品格外敏感，如香波、护毛素、喷雾剂和除虫剂等。对皮肤敏感的犬来说，温和的含有皮肤润滑成分的天然产品是最好的选择，其中成分包括天然油、芦荟、抑制瘙痒的薄荷醇或桉树油等。

4. 防治皮肤病 犬的皮肤病多由遗传因素或环境因素引起。环境不卫生或皮肤缺乏美容保健，细菌进入伤口便能导致皮肤感染。从脓疱病（幼犬中常见）到皮褶脓皮病（沙皮犬常见），不要给皮肤的感染区域美容，应剪掉或小心修剪感染部分的毛发。如脂溢性皮炎、肤色突变性脱毛或皮肤癌，都要及时请兽医诊治。

5. 防止晒伤 犬也会被晒伤，甚至会患上皮肤癌。可以为犬准备些喷雾防晒剂，这对那些无毛、毛发稀疏、肤色很浅，以及浅色鼻子的犬非常重要。也可使用人用防晒霜，但得确保犬不会把它舔掉，为了安全起见，最好选择专用的无毒防晒霜。对于皮肤敏感的犬来说平时的皮毛保健是至关重要的。

相关知识链接

一、常见的体外寄生虫

跳蚤、虱、蜱和螨虫等外寄生虫对犬、猫的直接危害是吸食血液，造成动物缺血和皮肤损伤，同时伴有皮肤瘙痒，另外其所携带的致病微生物可能威胁到犬、猫的健康，甚至导致生命危险。消灭寄生虫的最佳方法是精心的护理，健康的饮食和良好养护，不仅可以抑制寄生虫的大量滋生，还能减轻皮肤被跳蚤和虱叮咬后的不良反应。日常美容也非常重要，尤其是在跳蚤、虱、蜱繁殖的季节。用除虱梳全面梳理，仔细地检查是否有寄生虫滋生的迹象，同时定期用药物预防，可以最大限度地减少寄生虫的滋生。

（一）检查跳蚤、蜱、虱和螨虫的方法

1. 跳蚤 呈褐色，体长大约2mm，以爬行或者跳跃的方式移动，跳蚤卵看起来像细小的白色斑点。跳蚤很难捉到，可以用蚤梳梳理犬、猫的被毛，将梳下来的小黑点放到沾湿的餐巾纸上，如果这些小黑点遇水后变成了暗红色，那就是跳蚤的粪便，因为排泄物里面含有没有消化掉的动物血液。

2. 蜱 种类很多，如成虫在躯体背面有壳质化较强的盾板，称为硬蜱；无盾板者，称为软蜱。蜱因其外形独特、个体较大而很容易辨认。蜱的身体可自由伸缩，从针头那么小到豌豆那么大，尤其在吸饱血液后，就会明显膨胀。

3. 虱 体长0.5～6.5mm，细长或横宽，背腹扁平，仅腹部分节明显。成虫和若虫终生寄生于动物体上。幼虫为白色，通常聚集在动物体的皮肤或被毛上；成虫较大，呈浅黄褐色，叮咬在皮肤上，吸血后的虱为浅褐色。虱不仅吸血，而且使宿主瘙痒。

4. 螨虫 最常见的螨虫病有耳螨、疥螨和蠕形螨病。

耳螨是寄生在犬、猫耳道内的一种螨虫，常会导致局部瘙痒、宿主摇耳，肉眼可见耳道内有褐色分泌物，用外用杀螨止痒剂经1～2周可治愈。

疥螨寄生在表皮中，可引起剧痒，使病犬、猫持续抓挠、啃咬、摩擦患部皮肤，主要发生于头部，有时也发生于身体其他部位。皮肤表面潮红、有疹状小结，皮肤增厚、有结痂，通常因抓破表皮引起缺毛。

蠕形螨通常寄生于皮脂腺和毛囊中。一般以面部、四肢及腋下多见，患部皮肤发红，有散在红疹，感染后可形成脓疱，多有体臭。

（二）清除跳蚤、蜱、虱和螨虫的常用方法

（1）用棉球蘸指甲油、酒精或在宠物商店买到的祛虱剂，将皮肤沾湿；稍等几分钟，直到虱从皮下爬出来，戴上外科手术手套或拿着纸巾，也可用镊子、专门的除虱工具等，把虱从犬、猫的身上除去；把虱丢进盛少量酒精的容器里，死后丢进马桶冲掉。

（2）经常洗澡，用除虱梳梳理被毛。首先放满一浴盆水，让犬坐在浴盆里泡澡，不要让水流掉。彻底清洗毛发5min，深至皮肤，特别是耳朵、尾巴和腹部这些跳蚤集中的部位。接着由上向下冲淋身体，用除虱梳或大小合适的梳子，慢慢地从尾巴梳到头部。确保每次梳理都深至皮肤，除虱梳齿距格外紧密，所以能把跳蚤、虱、蜱从毛发间剔除。因此除了每周洗澡，每天还要用除虱梳梳理全身。

（3）使用化学除虫剂，有氯芬新、双甲脒、除虫菊酯、氯菊酯、吡虫啉、氟虫腈等，有粉剂、喷剂、滴剂以及除蚤项圈等产品。可用伊维菌素杀灭螨虫，局部应用杀螨剂药水，全身用抗生素药物，防止细菌继发感染；还要喂食营养均衡的食物，增加犬、猫的身体素质。谨慎使用除虫剂（尤其是幼犬），使用前要仔细阅读使用说明，不要让小孩子接触到除虫剂。

市场上有多种有效的消灭跳蚤、蜱、虱、螨虫的药物，使用前要咨询兽医，选择最安全、最有效的药物。刚经过药浴或喷了杀虫剂的犬，防止其舔食皮肤和被毛，禁止在太阳下暴晒。

（4）彻底清理环境，常用吸尘器打扫，向地毯和家具撒一些专门的除虫剂来减少跳蚤、虱、螨虫的滋生。除蜱则更难一些，因为犬、猫在公园或草地上散步时易沾染上蜱，因此从室外散步回来要检查犬的皮毛上是否有异物，要细心梳理被毛。

二、几种常见皮肤病的防治

（一）过敏性皮炎

过敏性皮炎是由免疫球蛋白E参与的皮肤过敏反应，也称为特异性皮炎。本病的临床特征为瘙痒，呈季节性反复发作，多取慢性经过。

1. 病因 本病是由内源性和外源性两个方面的因素引发。内源性因素有遗传因素、激素异常和过敏性素质。外源性因素有季节性和非季节性的环境因素，如吸入花粉、尘埃、羊毛等；以及食入马肉、火腿、牛乳等食品。此外，注射药物、蚊虫叮咬、内外寄生虫和病原体感染以及理化因素等也可引起外源性过敏。

2. 症状 1～3岁犬、猫易发，初发部位为眼周围、趾间、腋下、腹股沟部及会阴部，跳蚤叮咬的过敏性皮炎易发生于腰背部。病犬主要表现为剧烈瘙痒、红斑和肿胀，有的出现丘疹、鳞屑及脱毛。病程长的可出现色素沉着、皮肤增厚以及形成苔藓和皲裂。慢性经过的病犬瘙痒较轻或消失，但有的病程长达一年以上。季节性复发时，患病部位范围扩大，常并发外耳炎、结膜炎和鼻炎。

3. 治疗

(1) 去除过敏原。

(2) 进行抗过敏、抗感染治疗。

(3) 局部用药。

(二) 脂溢性皮炎

脂溢性皮炎是皮肤脂质代谢紊乱的疾病，是包括从鳞屑型到严重皮炎的一类脂溢性疾病群。杜宾犬、美国可卡犬、德国牧羊犬和沙皮犬等品种常见。

其病因有原发性与继发性因素两种。原发性因素与遗传有关，表现为甲状腺功能减退、生殖腺功能异常、食物中缺乏蛋白质、脂质吸收不良或代谢异常。继发性因素有体表寄生虫、脓皮症、皮肤真菌病、过敏性皮炎、落叶状无疱疮、菌状息肉症、淋巴细胞恶性肿瘤等。

1. 原发性脂溢性皮炎 表现为病犬背部、头部和四肢末端散在的炎症。根据症状不同，可分为干性型、油性型和皮炎型三种。

(1) 干性型。皮肤干燥，被毛中散有灰白色或银色干鳞屑，脱毛较轻。多见于杜宾犬和牧羊犬。

(2) 油性型。皮脂腺发达的部位含有多量油脂或黏附着黄褐色的油脂块，外耳道有多量耳垢，有的甚至发生外耳炎。有特殊的腐败臭味。

(3) 皮炎型。病犬表现为瘙痒、红斑、鳞屑和严重脱毛，形成痂皮，多见于背、耳郭、额、尾、胸下、肘、飞节等处。病犬因瘙痒啃咬患处而使病变加重。

2. 继发性脂溢性皮炎 表现为患部不局限于皮脂腺发达的部位，主要与原发病灶对皮肤的损害部位有关。如跳蚤过敏性皮炎的病灶，常见于腰荐部；犬疥螨病的病灶分布在面部与耳郭边缘；蜱感染症则在背部；短毛犬的脓皮症在背部；真菌病在面部、耳郭及四肢末端等。

(三) 湿疹

湿疹是致敏物质作用于动物的表皮细胞引起的一种炎症反应。患处出现红斑、血疹、水疱、糜烂及鳞屑等现象，可以伴发痒、痛、热等症状。

1. 病因 包括内因和外因。外因主要是皮肤护理差、动物生活环境潮湿、过强阳光的照射、外界物质的刺激、昆虫的叮咬等因素。内因包括各种因素引起的变态反应、营养失调，以及某些疾病使动物机体的免疫力和机体抵抗力下降等。

2. 症状 湿疹的临床表现分为急性和慢性两种。

(1) 急性湿疹主要表现为皮肤上出现红疹或丘疹，病变的部位始于面部、背部，尤其是鼻梁、眼部和面颊部，且易向周围扩散，形成小水疱。水疱破溃后，局部糜烂，由于瘙痒，动物不安，舔咬患部，造成症状加重。

(2) 慢性湿疹病程长，皮肤增厚、苔藓化，有皮屑，瘙痒。

临床上最常见的湿疹是犬的湿疹性鼻炎。病犬的鼻部等处发生狼疮或天疱疮，患部结痂，有时见浆液和溃疡；严重者鼻镜部出现脱色素和溃疡。

3. 治疗 采用综合治疗的原则。止痒、消炎、脱敏、加强营养并且保持环境的洁净。

(四) 真菌性疾病

真菌性疾病多为人畜共患病，致病性真菌又广泛存在于空气、土壤、地毯等处，随时可能感染犬、猫，引起真菌病。寄生于犬、猫等多种动物被毛与表皮、趾爪角质蛋白组织中的真菌，所引起的各种皮肤病，统称为皮肤真菌病。特征是在皮肤上出现界限明显的脱毛圆斑，潜在性皮肤损伤，具有渗出液、鳞屑或痂，以及发痒等。

犬、猫皮肤真菌病的流行和发病率受季节、气候、年龄、性成熟和营养状况等影响较大，炎热潮湿气候的季节发病率比寒冷干燥季节高。皮肤真菌的传染途径主要是通过直接接触，或间接接触，例如被污染的刷子、梳子、剪刀、铺垫物等媒介物。

1. 症状 患病犬、猫的面部、趾爪、耳朵、四肢和躯干等部位发病。典型的皮肤病病变为被毛脱落，迅速向四周扩展。皮肤病变除呈圆形外还有椭圆形、无规则形或弥漫状，有时还会出现大面积的皮肤损伤。感染的皮肤表面伴有鳞屑或呈红斑状隆起，有的形成痂，有痂下继发细菌感染而化脓的，称为脓癣。真菌本身也能引起小脓疱及产生分泌物，痂下的圆形皮损伤呈蜂巢状，并有许多小的渗出孔。重剧炎症和化脓灶的皮损区，将不利于真菌的生长蔓延，可限制病变的发展。通常急性感染病程为2～4周，若不及时治疗转为慢性，往往可持续数月甚至数年。

2. 治疗
（1）外用药：克霉唑、酮康唑等。
（2）内服药：灰黄霉素等。

3. 预防
（1）加强营养，饲喂营养均衡的全价食品，以增强动物机体对真菌感染的抵抗力。
（2）发现病情应及时隔离，并对其环境进行严格消毒。

（五）趾间脓皮症

本病由趾间皮肤的化脓菌感染引起。

1. 病因 外伤等原因使趾间皮肤的毛囊和皮脂腺阻塞而发生细菌感染，常见的感染菌有葡萄球菌、链球菌，此外还有假单胞菌、大肠杆菌和棒状杆菌等。多发于短毛犬、腊肠犬、京巴、斗牛犬等。

2. 症状 犬单肢或四肢趾间都可能发生脓疱，且形成瘘管。患犬频频舔舐趾间部，趾间部有疼痛和湿润。本症难以治愈，多取慢性经过，病程长的可达数月。

3. 治疗
（1）局部疗法：参照外科手术化脓创的处理方法。
（2）全身疗法：注射或口服抗生素，如青霉素、先锋霉素等。为防止细菌产生耐药性，应进行药敏试验，选择敏感的抗生素进行治疗。

三、卫生和消毒

注重卫生是预防疾病、保持健康的方法，消毒可杀死病原菌。因此护理美容时要保持场所、器具的清洁。需要做到的是以下几点：

1. 废毛的处理 犬的被毛要用梳理或剪掉等方法来处理，要预备大型的吸尘器用以收集废毛。犬毛很轻，容易飞散到空气中，最好是将废毛烧掉或者密闭处理，防止有皮肤寄生虫混在其中。

2. 手的消毒 摸了犬的手要用肥皂清洗，不光是要洗去污垢，更重要的是对手进行消毒，既保证人体健康又不会将细菌或病毒传给下一只犬。

3. 器具的消毒 使用的电剪、剪刀、梳子和指甲刀等器具也要消毒。电剪和指甲刀的消毒可使用防锈喷雾剂。修理刀、剪刀、梳子等可用含10%次氯酸钠溶液或用含5%西地碘的10～50倍的水溶液浸泡数分钟，然后用水洗净，沥干水分后用吹风机吹干。吹风机和刷子上可能会黏附犬毛，尽量清除干净。

4. 衣物的消毒 衣物的消毒即为清洗和烘干；上衣要每天一换；晴天可采用日光暴晒的方法消毒；口罩最好使用一次性的。

5. 其他 工作结束后也要对犬舍和工作间进行卫生管理，使用吸尘器清除废毛后要进行密闭处理。犬舍、工作室要用次氯酸钠进行消毒，再用含5%西地碘的10～50倍的水溶液擦洗。使用强酸性水溶液消毒效果很好，不过强酸对金属有腐蚀作用。使用次氯酸钠杀菌时要戴上橡胶手套，以保护手。强力去污肥皂、次氯酸钠溶液、强酸性杀菌肥皂、双性肥皂等都有杀菌功能，请按正确方法使用。

复习与思考

1. 在美容的过程中，从美容师的角度，了解和识别了哪些犬的常见皮肤病？
2. 对正在更换被毛的犬、猫如何护理？
3. 影响犬的被毛生长的因素有哪些？如何利用？
4. 对常见的犬、猫皮肤病如何防治？

项目四

美容工具的识别使用与保养

内容提要

美容工具在犬的美容过程中起着非常重要的作用，正确地使用工具才能更加明显地表达美容效果，因此要正确识别和使用各种美容工具，掌握美容修剪工具的正确保养方法，同时要识别与使用其他美容工具。

操作步骤与图解

一、剪刀的识别与使用方法

剪刀的识别与使用方法分别如图1-4-1、图1-4-2所示。

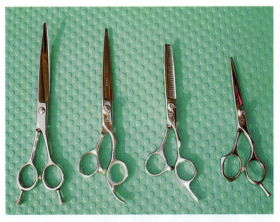

图1-4-1 从左向右依次为：弯剪、直剪、牙剪、小直剪

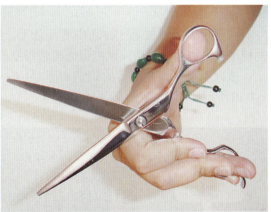

图1-4-2 剪刀的握法

二、电剪的识别与使用方法

电剪的种类很多，有充电式的，有装电池和充电两用的。电剪可换上不同型号的刀头，常用刀头型号有4号/4F（9mm）、7号/7F（3mm）、10号（1.5mm）、15号（1mm）、30号（0.5mm）、40号（0.25mm）等（图1-4-3）。

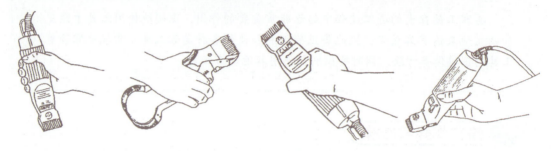

图1-4-3 电剪及其手握的姿势与使用方法

三、梳理类工具及相关工具的识别与使用方法

刷子用于梳理被毛、去除皮屑及杂毛，经常梳理可减少毛结、保证被毛通顺。犬只用的梳子多是由金属制造，以梳齿的疏密程度或用途来分类。

梳理类及其相关工具的识别如图1-4-4、图1-4-5所示，所有工具的使用如图1-4-6至图1-4-10所示。

图1-4-4 由左向右依次为：钢丝刷、针梳、长短齿梳、分界梳、阔窄齿梳、贵宾梳

图1-4-5 由左向右依次为：开结刀、底毛耙、小号与大号拔毛刀、趾甲剪、锉刀、止血钳

图1-4-6　钢丝刷、针梳的使用方法

图1-4-7　阔窄齿梳或贵宾梳、止血钳的使用方法

图1-4-8　趾甲剪、锉刀的使用方法

图1-4-9　开结刀的使用方法　　　　　　图1-4-10　拔毛刀的使用方法

四、烘干类设备的识别与使用方法

(一) 吹风机、烘干箱的识别与使用（图1-4-11、图1-4-12、图1-4-13）

图1-4-11 吹风机

图1-4-12 烘干箱

图1-4-13 双筒吹风机

给宠物洗澡之后毛发吹干是必要的，因为犬、猫的被毛比人类要厚得多，而且分为1～2层，单靠自然风干是不行的。宠物吹风机可以快速吹干毛发，同时还可以用来整理造型，例如贵宾犬、比熊犬在美容修剪前拉直被毛。吹风机所释放的热量、风量可以调节；出风口左右高低可以调节；吸风口清理比较容易。

1. 宠物吹风机的种类

(1) 桌上型。置于工作台上，可随时调整出风位置，但使用得较少。

(2) 立式。有滑轮脚架，可四处移动，出风口可360°调整，目前使用最广泛。

(3) 挂壁式。固定于墙壁，有可移动的悬臂（高低45°，左右180°），而且不占空间。

2. 吹风机的使用方法 使用时打开电源开关，再打开风量开关，调节风量大小，根据需要调节热量大小。吹风机使用完后，先关热量开关，再关风力开关，防止电阻丝过热而烧坏。定期清理及清洗吹风机阻挡灰尘与毛发的过滤网，以免影响风力及使用效果。

(二) 吹水机的识别与使用

1. 吹水机的种类识别 吹水机（图1-4-14）是一种给犬、猫等长毛宠物洗澡后，专门用来快速吹干皮毛的电器工具设备。其工作原理和传统的人用电吹风完全不同。是靠机器内部机芯马达产生高速强力的风，吹向宠物的皮毛，把皮毛内的水分打散吹走，继而达到吹干宠物皮毛的目的。常见的吹水机有以下几种：

(1) 单马达吹水机。适合家庭用户，适合中小型长毛宠物。

(2) 双马达吹水机。突出特点是功率大、风力大、风速高、工作效率高，多用于专业宠物美容店。

（3）立式吹水机及壁挂式吹水机。根据自己实际情况需要，为吹水机搭配专业的特定配件设备，组合成立式吹水机或者壁挂式吹水机，来满足专业美容的需要。

（4）双马达双电机吹水机。风力更大，独立电加热，特别适合长毛、浓密毛发的大型和巨型犬在冬、春季节使用，既提高了效率也保证了宠物的健康。

2.吹水机的安装与使用（图1-4-15）

图1-4-14　吹水机

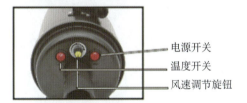 

图1-4-15　吹水机的安装、使用、清洁维护流程

五、其他美容工具及用品

其他美容工具及用品如图1-4-16、图1-4-17、图1-4-18所示。

图1-4-16 其他美容工具

图1-4-17 剪刀包、工具箱

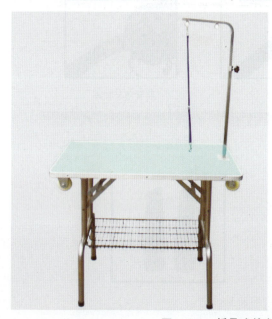

图1-4-18 折叠式美容台、液压升降式美容台

相关知识链接

一、剪刀的功用

（一）常用剪刀的类型

1.直剪 用于为宠物修出整体造型，常用的有7寸[①]直剪、5寸直剪。5寸直剪是为了配

---

① 寸为非许用单位，1寸≈0.033m。

合7寸直剪而特设的，用于一些细节部位的修剪，它的尺寸更小，也更便于操控，头部或脚部的一些绒毛的修剪可用5寸直剪。

2. 弯剪 弯剪也是一种特殊功用的剪刀，适用于修剪线条及脚形等部位，如可用于贵宾犬的造型设计，进行尾球、脚球的修剪。因为修剪时就要让毛显示出弧度来。

3. 牙剪 牙剪具有剪出层次或打薄被毛的功用，尺寸也有大小之分。

（二）剪刀的练习方法

（1）①将手臂垂直放在身体的侧面，然后向上抬起手臂，同时使剪刀与地面保持平行，手腕放松，自然下垂。在挥动手腕时想象一下自己正在修剪不同形状的区域，比如方形和圆形，这将有助于练习手腕的灵活性，要注意保持剪刀的水平和平稳。②一个好的美容师不仅仅是用他的手来操作剪刀，当他真正投入工作的时候，他的整个身体都在随着剪刀而活动。给宠物剪毛的时候需要时常检查修剪的曲线是否合适，因此，除了手臂和手腕的练习之外，还需要练习弯曲身体时的平衡性和灵活性。③在刚开始练习使用剪刀的时候，练习者通常很难掌握剪刀的开合，而剪刀的随意开合容易导致宠物的毛发被修剪得参差不齐。为了减少这样的问题，初学者需要反复练习将剪刀口开到最大程度，然后平稳地移动拇指将剪刀口闭合，角度可由小到大。因此，熟能生巧才是掌握剪刀修剪技巧的重要方法。

（2）运剪的口诀。由上至下，由左向右，由后向前，动刃在前，眼明手快，胆大心细。

二、电剪的功用

（一）不同种类电剪的功用

不同厂家生产的电剪从大小到型号各有不同，可根据需要进行选择。一般情况下可分以下几种：

1. 4号刀头（4F） 用于修剪贵宾犬、北京犬、西施犬的身躯。

2. 7号刀头（7F） 用于修剪㹴犬及美国可卡犬的背部。

3. 10号刀头 用于修剪腹毛、犬的面部及尾部毛，使用范围较广。

4. 15号刀头 用于犬耳部的修剪及贵宾犬的面部、脚底毛的修剪。

刀头的型号越大，则留下的犬毛越短。

（二）电剪使用时的注意事项

（1）握住电剪的姿势要像握笔一样，手握电剪要灵活，动作要轻。

（2）剃毛时刀片平行于犬的皮肤，要平稳、匀速地滑过。

（3）对于皮肤敏感的部位，避免用过薄的刀头及反复移动。

（4）将皮肤的褶皱部位用手拉平，避免刀片划伤皮肤。

（5）耳朵的皮肤薄、软，剃毛时要将耳朵平铺于手掌上，力度不可过大，修耳缘时要轻，防止割伤。

三、梳刷类及相关工具的功用

（一）不同种类刷子的功用

1. 钢丝刷 刷去死毛，令被毛柔顺，有大、中、小型和软硬之分。

2. 针梳 增加毛量，防静电，令皮肤健康。

3. 鬃毛刷 分猪毛鬃毛刷和马毛鬃毛刷等，适合软毛犬使用，不易弄断被毛，有助于血液循环，使皮肤保持光泽感，鬃毛刷分大、小两种型号。

（二）不同种类梳子的功用

1. **最阔齿梳**（牧羊梳） 梳理大型及厚毛犬。
2. **阔窄齿梳**（粗细齿梳） 美容师专用梳子。
3. **双层齿梳**（长短齿梳） 适合厚毛及双层毛犬。
4. **密齿梳**（面梳） 适用于长毛犬面部、眼部和嘴部。
5. **极密齿梳**（蚤梳） 用来梳去蚤子。
6. **分界梳**（挑骨梳） 适合为犬只扎髻、扎毛和分界。

四、衡量吹水机工作效率的标准

1. **功率** 即吹水机的电功率，代表单位时间内吹水机的耗电量。功率的大小不能完全说明吹水机的工作效率高低，只能客观的反应吹水机在单位时间内的工作能耗，即耗电量。

2. **吹打力** 这是衡量吹水机工作效率的最重要的指标。在标准条件下，通过专业仪器可测得吹水机出风口处风力值的大小。通俗的说就是吹水机吹出风的力道大小。一般吹干宠物毛发需要的基本吹打力450g以上，如果达到550～600g或以上的吹打力，则更易吹干毛发。现在最好的吹水机，吹打力可以达到950g以上。

3. **风速** 吹水机吹风口处的风速。在吹打力达到一定程度之后，风速越高，吹干效果也好，吹干越快。如果单纯高风速，没有吹打力是没有意义的。风速是衡量吹水机工作效率的辅助标准。

4. **加热模式** 分为马达自热式和电加热式。同时还需要有高敏感度的过热保护装置。以免加热过高使得宠物毛发受损。

5. **噪声** 吹水机的原理功能和结构，决定了噪声大是所有吹水机的共同特征。但是由于内部结构精简程度和制作工艺的先进程度不同，在相同吹打力和风速的条件下，噪声越低的吹水机越好。吹水机的噪声测试，应当选择在一个封闭的相对较宽敞的室内，环境噪声低于20dB时，在5个方向，前后左右与正上方，距离测试目标1m的距离，取得的噪声分贝值除以5，平均值即为吹水机的可参考噪声值。

五、其他美容工具及用品

1. **美容纸** 保护毛发及造型结扎使用。
2. **橡皮圈** 结扎固定使用。用于美容纸、蝴蝶结、发髻、被毛等的固定，美容造型的分股、成束也都需利用不同大小的橡皮圈，一般最常使用的是7号和8号。
3. **染毛刷** 这是为方便宠物染色而特设的产品，一头是斜边，用来上染色剂为宠物染色；另一头是梳子，可在染完色之后，梳理毛发，让颜色更快渗入。
4. **染色剂** 染色就是让宠物犬的毛发换个颜色。其实宠物染色的过程和人染发相似，只要将这种染色剂抹到宠物的被毛上，就能染出相应颜色的毛发。
5. **刀头清洁剂** 用于清洁电剪刀头。
6. **刀头冷却剂** 对使用过程中过热的刀头起迅速降温的作用，防止刀头过热烫伤犬只。
7. **剪刀油** 对剪刀起到保护作用，经常使用可延长剪刀寿命。
8. **美容台、美容服**

六、工具使用时的注意事项及其保养

（1）剪刀不能打空剪，不能用于剪毛以外的任何东西，修剪脏毛时也会使刀变钝。用后需清洁、消毒、防锈。

（2）电剪刀头用后须将毛发刷净，消毒，放在洗刀头油中清洗，然后上刀头油进行保养。使用中应避免刀头过热，可拆下自然冷却或使用冷凝剂冷却。

（3）吸水毛巾用后将其消毒漂洗干净，折叠好放在盒子里，要保持湿润。

（4）吹风机、吹水机使用时先开风量控制开关，再开热量控制开关，关时先关热量控制开关，再关风量控制开关；定期用水洗或强风吹的形式清洁机器后部的过滤网，并确保过滤网是在晾干后重新安装在机器上的；保持机壳干燥清洁，使用干而软的布擦拭机器表面，使用清洁布蘸取中性溶剂去除顽固污渍；必须使用中性溶剂，避免损坏油漆表面；当碳刷耗尽时，请遵守使用手册中的说明，更换新碳刷或与专业维修人员联系。

复习与思考

1. 练习使用剪刀及电剪。
2. 正确使用梳刷类工具。
3. 直剪用后应如何保养？
4. 电剪在使用后应如何清洗与消毒？
5. 吹水机、吹风机在开启、关闭时要注意哪些方面？
6. 练习使用耳毛钳及缠绕脱脂棉。

项目五

犬的基础护理

任务一　犬的被毛刷理与梳理

内容提要

刷理被毛既是护理的重要内容,又是犬美容的第一步,也是最重要的一步。强调刷毛的重要性是因为仅通过刷毛就可以初步改变犬的整体形象,而且也是后续美容程序的基础。刷毛可能要花费很长时间,特别是遇到浓密、杂乱且有毛结的长毛犬时,要谨记沐浴之前必须彻底刷毛,因为杂乱的毛湿润后会更加凌乱,一些小的毛结会因湿水而变大和纠缠的更结实。下面介绍一下犬的被毛刷梳的过程及方法。

操作步骤与图解

（1）梳理顺序可根据犬的状态自由变换,达到最佳效果即可,刷梳的顺序可参考图1-5-1。

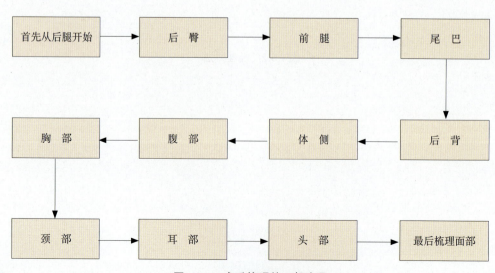

图1-5-1　犬毛梳理的一般步骤

（2）首先学会用这种方法梳理被毛，但钢丝刷不适用于长毛丝毛犬，长毛丝毛犬适用针刷或鬃毛刷（图1-5-2）。

（1）刷理的方法是将毛掀起，轻轻压于掌下，用钢丝刷一层层梳下来，层与层之间要看得见皮肤，每个部位要反复这样刷理几遍

（2）从后向前，先梳理臀部，从下向上，从左至右。注意力量不可过大，小心不要划伤肌肤

（3）开结刀的使用方法：一手握开结刀，一手固定犬毛结处皮肤，将刀伸入结下向外带

图1-5-2 梳理方法

相关知识链接

一、犬护理美容前的准备工作

在开始护理之前，要训练犬站立在美容桌上，并能使犬适应这种方法。如果犬不能配合将非常难以进行以后的操作，既费时又费力，人和犬都会很疲惫。因此犬在幼龄时就要进行护理方法的训练，仔犬生后一个半月即可开始。训练的方法是：

（1）令犬站立在桌子上，用固定绳将其拴在美容台上，并逐日适当延长其站立时间。然后可令其睡在桌子上，以后每天逐渐延长时间，如此持续一个月。要让仔犬习惯于站立和睡在桌子上。为了消除其恐惧心理。要经常给犬梳毛、抚摸犬，慢慢地使犬进入状态。若幼犬表现良好，可予以鼓励。

（2）出生3个月以后的幼犬，要训练它不要由工作台上跳下来，防止其摔伤或逃走，为对犬以后的护理打下良好基础。

（3）在护理的过程中要制止犬狂吠，使其尽量保持安静。在犬长到一定程度时可用手示意其配合，护理过程中使其不乱动。犬习惯以后，仍会在受到惊吓时突然跳起，这时最重要的是对犬要有耐心，应慢慢使其安静下来。

（4）让犬适应而乐于被护理。首先要让犬有安全感，开始进行护理时，不能因不耐心而潦草收场，而应一点点进行，让犬把身体交给你。各种犬具有各自的特点，要顺其性情，灵活运用手法，护理时要有极强的耐心，要在日常的生活中逐渐培养对犬的感情，建立起双方相互的信赖关系才是最重要的。

（5）学会正确抱犬的姿势。最常见的错误抱法是握住犬的两只前腿向上举，前肢的骨骼组织特殊，所以要留意；手要用力防止犬突然跳起等；一次不能抱两只犬；有多动症的犬要先使其安静后再进行护理；有恐惧心理和警戒心的犬，要边唤它的名字边靠近，将手背伸向它视线下方让它嗅，等到犬对你无警戒心时，再用手抚摸它，使其安定。在实际工作中会接触各种各样的犬，要先观察其神态再行动，防止被犬咬伤。

二、短毛犬的被毛梳理

短毛犬的类型多样、特质不一，有的被毛平滑，有的被毛质硬，有的被毛具光泽。在所有皮毛类型中，短毛护理最为简单方便。除梳刷和定期洗澡外，短毛犬很少进行美容。赛级短毛犬也只需修剪一下胡须，清洗某些部位，而一般的宠物短毛犬就不需要进行造型修剪。要想保持短毛健康、光亮，只要勤梳理、勤洗澡即可。梳理会刺激皮肤分泌油脂，防止脱发、变脏和滋生寄生虫。实际上，天天梳理能帮助犬彻底去除虫虱，不再依赖药物，但前提是要有一个良好的环境。

（一）常见短毛犬的品种

常见短毛犬的品种有大麦町、拉布拉多猎犬、曼彻斯特㹴、迷你杜宾犬、八哥犬、罗威纳犬、玩赏猎狐㹴、惠比特犬、腊肠犬、德国杜宾犬、法国斗牛犬、德国短毛波音达犬、大丹犬、巴吉度猎犬、比格猎犬、寻血猎犬、波士顿㹴、拳师犬、斗牛犬、短毛吉娃娃、沙皮犬等。

（二）梳理方法

（1）首先用梳毛手套彻底按摩梳刷皮毛。
（2）使用橡胶马梳去除枯发和脏物。
（3）用天然鬃毛梳将皮毛刷理顺滑。
（4）用麂皮打磨皮毛。
（5）为了让犬显得神采奕奕、精神百倍，可以轻轻喷些护发素或滴些婴儿油在手掌中，摩擦后涂抹，保持毛发平滑。

三、中长毛犬的美容

（一）常见中长毛犬的品种

常见中长毛犬的品种有阿拉斯加雪橇犬、西伯利亚雪橇犬、澳洲牧牛犬、澳大利亚牧羊犬、比利时玛利诺犬、比利时牧羊犬、比利时坦比连犬、伯恩山犬、苏俄牧羊犬、边境牧羊犬、布列塔尼猎犬、威尔斯柯基犬、查理士王小猎犬、苏格兰牧羊犬、德国牧羊犬、金毛猎犬、大白熊犬、挪威猎麋犬、沙克犬、日本柴犬、秋田犬、西藏猎犬、史宾格犬等。

（二）中长毛犬的梳理要求

中长毛犬的被毛易于梳理，不易结团和吸附脏物，只要经常梳刷和偶尔洗澡，不需要太多的修理。一般来说，中长毛犬的美容可以根据固定的展示造型，略微修剪头部和身体的皮毛，悉心护理一些部位，如修剪下颌、清洁耳朵以及用电剪清理面部，这样既匀称好看，又能凸显外形。

(1) 皮毛短而浓密的犬必须定期刷理，以保持外毛光泽，用钢丝刷可把被毛梳顺。

(2) 用毛刷彻底地梳刷皮毛，刷掉死毛和皮毛中的脏物和碎渣。在梳刷的同时，要特别注意检查一下犬皮毛中是否有跳蚤或扁虱等寄生虫。

四、长毛犬的梳理

（一）常见长毛犬中的分毛犬的梳理

1. 分毛梳理的方法 有的长毛犬为了保持其毛发的原有状态及其犬种的特点，不需要对其被毛进行修剪。洗澡前，用针梳彻底梳理皮毛，皮毛厚实的犬需要用底毛耙梳去除缠结，从腹部和后面开始，依次向上向前推进。确保皮毛滑顺，每一侧都没有缠结。

有八种长毛犬需要在后背中分，如马尔济斯犬、西施犬、约克夏㹴、阿富汗猎犬、拉萨犬、斯开岛㹴、西藏㹴、丝毛㹴，这八种犬需要细心梳理，以保持从后颈到尾根的皮毛分界线笔直。

2. 发髻结扎的方法 洗澡后烘干，将毛梳顺。先将鼻梁上的长毛用梳子沿正中线向两侧分开，再将鼻到眼角的毛梳分为上下两部分。从眼角起向后头部将毛呈半圆形上下分开，梳毛者用左手握住由眼到头顶部上方的长毛，以细目梳子逆毛梳理，这样可使毛蓬松。用橡皮筋绑定手中的长毛发，细心绑扎，不要过紧，发髻能减负，而且不累赘。可为犬绑上蝴蝶结或发卡，使犬显得更加可爱。

（二）小型长毛犬的梳理

小型长毛犬的品种有长毛吉娃娃、长毛腊肠犬、英国玩具猎犬、哈瓦那犬、日本狆、蝴蝶犬、北京犬、博美犬等。

小型长毛犬绒毛充实可爱，被毛更长或者毛更加厚实浓密，不同于分毛犬丝滑飘逸的长发，因此更需要经常刮刷和梳理。坚持天天梳理，小型长毛犬被毛的状态才会更佳。

复习与思考

1. 练习被毛梳理的技巧。
2. 熟练掌握被毛开结的方法。
3. 学会使用各种梳刷工具梳理被毛。
4. 学会正确地护理被毛。
5. 大型宠物犬美容修剪前，开结时为何不用开结刀？

任务二　趾甲修剪

内容提要

让犬保持合适长度的趾甲，有利于运动，防止将人抓伤或破坏物品，同时也保持美观。常采用三刀法进行修剪，如图1-5-3所示。

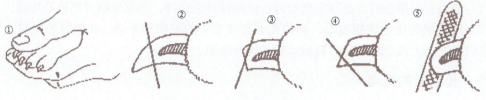

图1-5-3　三刀法修剪趾甲示意
（①～⑤为操作顺序）

操作步骤与图解

一、修剪所用工具

工具包括：趾甲刀；趾甲锉或磨甲工具；止血铅笔、止血粉、硝酸银棒或其他凝血剂。

二、修剪方法

修剪方法如图1-5-4所示。

让犬选择一个合适的坐姿或卧姿，左手轻轻抬起犬的脚掌，右手持趾甲刀，左手固定犬的脚趾，先垂直剪掉趾尖到嫩肉之间的趾甲。再剪去趾甲的上下棱角。剪过的趾甲仍表面粗糙，防止划伤人或衣物，使用趾甲锉或打磨工具，使粗糙的趾甲变得平滑。

图1-5-4　修剪方法

三、注意事项

（1）为了防止剪得过多而出血，可以多剪几次，每次少剪一点，直到满意为止。
（2）如果剪出血也不要慌张，可上些止血粉，用脱脂棉或手指轻压一会便可止血。
（3）为了消除犬紧张情绪，可以安慰一下，或给它一点零食，等犬情绪放松了再剪。
（4）限时使用电动锉刀，同时要训练犬消除对电动锉刀的恐惧心理。

复习与思考

1. 观察犬趾甲生长的正常形态，绘制犬趾甲的生理结构图。
2. 熟练掌握宠物的趾甲修剪方法。
3. 经常检查犬的脚垫及趾间被毛与皮肤，并熟练地修剪与剃除脚底毛。
4. 在给犬剪趾甲时应如何对犬只进行控制？

任务三　眼睛清洁

内容提要

犬的眼睛因品种不同而各有差异，有卵圆形、三角形、杏仁形、圆球形等，有的犬眼深陷，有的犬眼微突等。针对不同品种和不同类型特点的犬，其眼护理方式不尽相同。短头或扁面犬的眼睛大而突出，如北京犬、斗牛犬，缺乏口鼻的保护，突出的眼睛很容易干涩和受伤，要经常滴润眼露保持湿润，眼泪汪汪的犬眼部要保持清洁干燥；白色皮毛的犬更容易泪痕斑斑，如贵宾犬、比熊犬等；有些犬的眼睑向内翻转，导致睫毛倒长刺激角膜，引起流泪，甚至影响视力，如沙皮犬、松狮犬；眼睑外翻的症状则恰恰相反，下眼皮向外翻，眼睛容易沾染灰尘，如寻血猎犬就特别容易患这种眼病。

一、清洁所用工具

工具包括：润眼露(用于眼睛易干涩的犬)或洗眼水；泪痕去除液，用于有泪痕的浅色皮毛的犬；棉球等。

二、眼部护理方法

眼部护理方法如图1-5-5所示。

 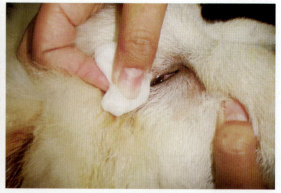

　　(1) 滴眼药水　　　　　　　　　　　　　(2) 清洁眼睛

图1-5-5　眼部护理方法

相关知识链接

一、清洗眼睛时的注意事项

（1）坚持每天查看犬的眼睛。很多幼犬的眼角常会积聚分泌物，坚持每天用湿布擦洗面部，然后用湿棉球把眼角清洗干净，切忌用干棉球擦拭眼睛，以免刮伤眼角膜。如果眼睛分泌异物，则要用温和的盐水洗涤眼睛。

（2）保持眼部湿润舒适。很多眼睛突出的犬，如北京犬、吉娃娃、日本狆等，每天需要滴几滴润眼露。每次为犬美容时，用犬用洗眼水或滴眼露为犬冲洗眼睛。每只眼睛滴一滴，然后用软布或棉球擦掉眼角的异物。滴的方法是应当先在手掌中将滴眼液的小瓶温热，用一只手紧紧地把住犬的下巴，用另一只手的食指和拇指夹住滴眼液的瓶子，并将它举起向下倾斜，另三个手指则放在犬的头顶上，然后慢慢地将眼液滴入眼睛。如果是涂软膏，则将它挤在干净的指头上，然后小心且轻轻地沿着眼睑的内侧涂抹。

（3）有的犬即便天天擦洗干净，也常常有眼泪，使得白色的幼犬在眼睛下面有明显的褐色条纹状泪痕，因此要勤于清理，天天擦洗。针对不同品种，按产品说明在泪痕处涂以除泪痕液。

（4）如果犬的眼睛受伤或疼痛，不要让它受到强光直射和热量的辐射，不要让它受到抓咬和风吹，不要让它游泳。"伊丽莎白"项圈可以用来防止犬抓眼睛。

（5）如果发现犬的眼部异常发红或四周肿胀，应及时去看宠物医生。小型犬眼部疾病众多，同样还要检查眼睛是否清透。每年定期的健康检查对眼部健康至关重要，这样能及时发现，并尽快治愈眼疾。

二、犬的眼睛类型介绍

1.杏核形　中国冠毛犬、博美犬、西高地白㹴、杜宾犬、大丹犬、罗威纳犬、萨摩耶、哈士奇、德国牧羊犬、喜乐蒂牧羊犬、柯利牧羊犬、沙皮犬、松狮犬等。

2.卵圆形　贵宾犬、雪纳瑞犬、伯恩山犬、边境牧羊犬、柯基犬、英国可卡犬、英国激飞猎犬等。

3. 三角形　牛头梗、秋田犬、柴犬等。
4. 圆形　马尔济斯犬、蝴蝶犬、北京犬、八哥犬、西施犬、波音达犬、卷毛比熊犬等。

复习与思考

1. 观察犬的眼睛的正常形态，能区别其健康与疾病的不同状况。
2. 熟练地掌握清洁犬眼睛的方法。
3. 选择合理安全的清洁眼睛的护理用品。

任务四　耳朵护理

内容提要

无论犬的耳朵是大还是小、立还是垂、短还是长，都需要悉心呵护。如果耳垢堆积不清理、耳毛不拔除和潮湿不擦干，都会感染耳部疾病，因此要坚持每天检查犬的耳朵。专业美容师或医生触摸犬的耳部会使犬倍感舒适，要定期处理耳部的问题，保障犬的听力正常，并且有一个健康又靓丽的外表。长毛犬需先拔除耳毛再清洁耳道，而短毛犬则只需定期清洁耳道即可。

操作步骤与图解

一、护理所用工具

工具包括：耳毛钳；耳粉；洗耳水、矿物油；脱脂棉等。

二、清洁耳道与拔除耳毛的方法

清洁耳道与拔除耳毛的方法如图1-5-6所示。

（1）一只手固定犬的头部及耳朵，露出耳孔

（2）将缠有棉花的止血钳伸入耳道

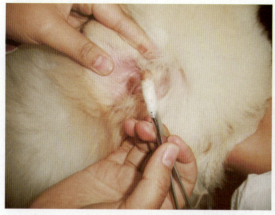
（3）轻轻擦拭、旋转，取出耳垢

（4）张开耳道，倒入适量的耳粉后轻揉

（5）耳道浅处的耳毛用手拔除

（6）耳道深处的耳毛用耳毛钳拔除

图1-5-6　清洁耳道与拔除耳毛的方法

三、清洁耳道的意义及注意事项

1.清洗耳道　首先检查耳朵外部的毛是否有缠结和寄生虫，检查耳道内的垃圾和污垢，如有少许耳垢为正常，如果发现大量的红棕色、条纹状或异味的耳垢，则需要清洁。将犬的头部固定，用左手将耳朵向头外侧轻拉，露出耳孔，注入几滴滴耳液或矿物油。按摩耳根，压迫耳朵1min使液体顺耳道而下，然后放开犬使其摇头数次，以便湿润耳垢，然后在止血钳上缠上脱脂棉，小心地将其伸入耳内，将耳垢清出。

2.拔除耳毛　耳道里的耳毛会积聚污垢、细菌和水分，最后导致耳道发炎。拔掉过长的耳毛，会使耳部更加干净，不易发炎。对于长毛犬，要用手指拔掉露在外面的耳毛。如果困难，可以将适量耳粉倒入耳道内，以便更容易地抓住耳毛。一次不要拔掉很多，否则会引起犬的疼痛，它会拒绝操作或不停地晃动。如果耳毛位于耳道较深的部位，用手不易拔除，此时可选用耳毛钳拔耳毛，同样每次只能拔几根毛发。用耳毛钳拔毛时一定要固定好犬只，防止犬乱动扎伤耳道。短毛犬耳毛不易拔除，相反可以用小的钝头剪刀修剪耳孔周围的毛；而垂耳的犬耳洞下面和耳郭内侧的毛发需要剪短。这样可以增加通风的机会，减少因耳道潮湿而感染发炎的机会。

复习与思考

1. 仔细地观察犬的耳道，了解犬的耳道的结构。
2. 通过观察与嗅闻（有无异味）判断耳道是否健康。
3. 掌握宠物外耳道的清洁及拔耳毛的正确方法。
4. 能鉴别正常的耳道分泌物与耳垢，学习清除耳垢的技巧。
5. 犬需拔耳毛的原因有哪些？在拔耳毛时要注意哪些事项？

任务五　牙齿护理

内容提要

犬齿比人齿更坚固长久，但会产生牙菌斑和牙垢。牙菌斑如不清理会积聚成牙垢，破坏牙龈，导致口腔炎症。要随时检查犬是否有牙垢，牙垢是黏在牙齿上的坚硬褐色的硬物，有时因为刷洗的力度不够，需要用刮牙器刮拭才能将其清除。因此要坚持每周给犬清洁一次牙齿，要确保牙齿洁白。

一、护理所用工具

工具包括：犬用牙膏；牙刷；小喷雾瓶；刮牙器；厚纱布；棉球；棉签。

二、清洁方法

1.清洁前准备工作

（1）让犬嗅一嗅牙刷，然后拿牙刷触碰犬的口鼻，用牙刷在牙齿上摩擦几秒钟，当犬接受而不反抗时，要奖励犬，对它进行鼓励。

（2）让犬嗅并舔舐少许挤在手指上的牙膏，同样不要忘记奖励犬。

（3）手握犬的口鼻，分开两侧的嘴唇。用牙刷触碰牙齿，然后马上用奖品鼓励犬，和犬交谈，以稳定情绪，增强犬的信心。当犬感到紧张或害怕时，应立即停止清洗，等犬情绪稳定后再刷。

2.刷牙方法

（1）使用软毛或犬用牙刷，也可将纱布缠在手指上，上面挤上少许牙膏。

（2）张开犬的嘴巴，露出牙齿，像自己刷牙一样刷洗犬的牙齿和牙龈。

（3）沿牙龈线刷洗牙菌斑和牙垢易堆积之处。

（4）洗刷时不要过分用力，以防损伤牙龈，造成牙龈出血。

（5）避免刷到红色异常之处，如果看见似有感染的地方，要及时就医。

（6）如果犬牙垢过多清洗不掉，可使用刮牙器或宠物用洁牙机小心沿牙龈线朝牙尖方向刮拭。用手指掩住牙龈避免被刮伤，当牙垢问题很严重时，可用洁牙机处理。

3. 用洁牙机清洁牙齿的方法 洁牙机安装好后，将主机上的电源开关打开，将洁牙棒（由镍片与插头尖端洁牙部分组成）插入手柄中，再踩下脚踏开关，让水从手柄中流出，调整主机上电源开关的大小，感受振动的力量，调整主机上的调水阀，感受出水的大小，测试后，关闭电源。

将需要洁牙的犬麻醉，平躺在操作台上，在头下放上颈枕，调整头的位置，避免水流入口鼻中而令犬呛水。

操作者戴上医用口罩及手套，一只手张开犬嘴露出牙齿，一手拿手柄，踩下脚踏开关，让洁牙棒与牙齿面呈15°角。

牙齿护理时操作方法如图1-5-7所示。

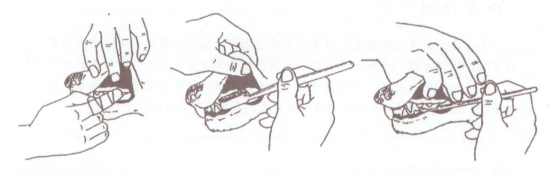

（1）手指缠上消过毒的纱布清洁牙齿　　（2）用犬用牙刷清洁牙齿　　（3）用刮牙器清洁牙齿

图1-5-7　牙齿护理的操作方法

相关知识链接

一、牙齿日常护理方法

1. 选择食物 平时让犬食用坚硬、干脆的饼干或粗粮可以帮助犬自动清理牙齿，尽量选择富含天然成分和低防腐剂的食品。

2. 啃咬玩具 有很多玩具有清洁牙齿的作用，犬通过咀嚼可以去除牙齿上的残留物，并能锻炼咬肌。

3. 使用牙具 为犬齿清洁设计的刷洗产品各式各样，有软毛牙刷、犬用牙刷、鬃毛橡胶牙刷、刷牙纱布、口腔喷剂、咀嚼刷、呼吸清新剂等。

4. 定期检查犬的口腔 细心查看牙齿的变化，如牙垢堆积、牙齿松动、牙龈感染等，及时清洁与护理。

二、犬牙齿常出现的问题

1. 乳齿的残留　幼犬因营养不良或疾病等原因，牙齿发育不良，个别乳齿不会掉落而残留下来。但该处又会长出恒齿，因此齿列不良、咬合不正，牙齿间因有食物残渣产生口臭，也是造成牙龈炎的原因。

2. 双重齿列　乳齿并未完全掉落，在内侧又长出了恒齿。双重牙齿数目多，在齿缝间会有食物残渣，无法正常咀嚼及咬碎食物，会引起口腔炎症和消化障碍。

3. 牙垢与牙结石　牙齿表面的细菌会以残留在牙齿间的食物残渣为养分繁殖，附着在牙齿表面形成牙垢。时间长了，牙垢会钙化而在牙齿与牙龈交界处形成牙结石。牙齿上的结石及牙龈细菌感染发炎，是引致口臭的主要原因；牙结石也是形成犬牙周病的原因。

4. 犬牙周病　犬牙周病是指牙齿周围有发炎症状，引起牙龈炎或齿槽脓漏的疾病。

（1）牙龈炎。牙垢中的细菌使牙龈发炎。牙垢细菌破坏牙龈后，再深入内部，使发炎症状不断恶化。出现牙龈肿胀，破坏牙齿。

（2）齿槽脓漏。发炎症状继续恶化，此部分的牙龈会萎缩，或牙槽骨遭到破坏，造成牙龈出血、牙齿松动，甚至化脓、伴有恶臭味，恶化为齿槽脓漏。

5. 蛀牙　造成蛀牙的主要原因是食物残渣积留在口腔内，引起细菌滋生，同时产生一种酸性物质，当这种酸性物质与牙齿接触，便会慢慢溶解牙齿上的钙质，从而形成蛀牙。蛀牙会令犬的牙龈疼痛、牙齿坏死、牙齿脱落及食欲减少，严重影响犬的健康。

复习与思考

1. 掌握犬牙垢与牙结石产生的原因及防护的方法。
2. 观察犬的牙齿、口腔的健康与异常的状态。
3. 掌握犬的牙齿的日常护理方法。
4. 熟识洁牙机的构造与功用，能熟练地使用洁牙机为犬清洁牙齿。

任务六　皮毛的清洗

内容提要

犬的皮肤非常敏感，毛量多、通风差，易造成新陈代谢不畅。犬的沐浴是以保持被毛的清洁健康为目的，但不需要经常沐浴。幼犬顽皮好动，很容易变脏，沐浴次数要多一些；成犬要视运动量、环境、被毛长短和毛的色泽决定沐浴次数，平均成犬每个月洗 1～2 次即可。要保持被毛的酸性环境，才能保持毛发的色泽和健康。含碱的洗液pH高，清洁力强，但对皮肤的破坏性较大，因此清洗剂是一把双刃剑，多在去除顽固污垢时使用，清洗后可以用中和洗液碱性的护毛素进行护理。

操作步骤与图解

一、皮毛清洗用品

1. 基本用品的准备 选择一种沐浴香波（亮发型香波、护发型香波、保养刚毛型香波、低变应原性香波、药用香波、无泪香波、驱除跳蚤药浴香波、天然植物精华香波），以及护毛素、吸水毛巾、硬毛刷、美容服、防滑浴垫、吹风机、吹水机等。

2. 洗浴地点的选择 专业美容室、浴缸、洗衣盆或厨房水槽（适合小型犬）都可以给犬洗浴。

二、操作方法

皮毛清洗的方法如图1-5-8所示。

(1) 用棉花将耳道塞住，防止水进入耳道，造成耳道发炎；然后试水温

(2) 从身体后面向前浸透臀部、躯干；淋湿肛门，挤压肛门腺，动作要缓慢，防止犬紧张

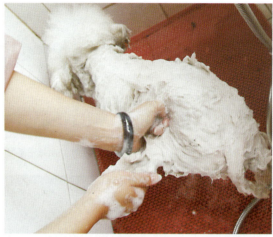

（3）取适量洗毛液涂在犬的躯干及四肢上，轻轻揉搓产生大量泡沫，揉洗按摩，尤其要清洁脚底

（4）最后清洁头部，冲洗时用手遮盖眼睛，防止洗澡水进入耳道和眼睛，涂上洗毛液

（5）仔细揉搓耳朵和面部，最后将犬皮毛上的泡沫冲洗干净

(6)用吸水毛巾擦干毛发,然后用吹水机将被毛吹干

(7)对有些卷毛犬,带扩散道的风筒可以保持卷毛原态,如要拉直被毛则要一边梳刷一边吹毛,将毛拉直后,便于修剪,此为吹干后的犬

图1-5-8 皮毛清洗方法

相关知识链接

一、肛门腺的检查与清理

肛门腺是犬的"气味腺体",分布在肛门两侧,是肠道末端皮肤内翻形成的较大的腔,并积聚液体。如果腺体被堵住,积液排不出来,犬会表现出一些烦躁症状:在地板上摩擦臀部;咬臀部;转来转去咬尾巴;摸它的臀部会非常敏感;耷拉尾巴,而不是把尾巴翘得很高,有时还两腿夹着尾巴,影响犬的日常生活。

肛门腺的清理过程如下(图1-5-9):

(1)首先把肛门周围的毛剪掉,用温水清洗肛门,皮肤会变得柔软,犬也会放松,这时腺体较容易排空。

(2)把拇指和食指放在肛门两侧,向上向外挤压,使恶臭液体排出。这些液体有的较浓,有的则像水一样清;有的颜色较浅,有的颜色较深,气味较臭,因此挤压时切勿对着自己或别人。挤完后,立即用水冲洗干净。

二、洗澡时的注意事项

(1)如果犬在洗澡时不配合或想要逃脱,则要给它套上尼龙项圈,并系到尼龙皮带上。

(1) 剪掉肛门周围的毛　　　(2) 拇指与食指挤压　　　(3) 肛门腺的位置结构

图1-5-9　肛门腺的清理过程

将皮带缠在固定的装置上，如淋浴栏杆，或将皮带系到你的腰带上或缠绕在腰上等。切忌使用索套项圈或遇水膨胀的项圈来限制犬的活动，否则犬在挣脱的过程中会有危险。

（2）如果犬过于脏或异味较强，则需要反复地涂抹浴液和冲洗。对于大多数犬，一次涂抹揉洗和冲洗即可。

（3）守规矩的犬洗澡时不会挣扎，耳朵和眼睛里也不会进水或泡沫。为了防止水进入耳道，最好把耳朵用棉花塞上或将耳朵平贴在脸上，防止洗澡水进入。注意防止浴液进入眼睛，无泪香波也会刺激犬的眼睛，因此需要在眼角处滴上防水矿物油。

（4）无论是自然风干还是机械吹干，在皮毛完全干燥前不要让犬走到室外，尤其是当室外比较寒冷或刮风的时候，否则会使犬受凉感冒。阳光灿烂的天气适合风干皮毛，但犬更喜欢在草坪上打滚或者在地上把皮毛蹭干净。因此要让犬在室内吹干皮毛，这样皮毛保持干净的时间会更长。

（5）切忌用花园浇水管直接冲洗犬的身体，使用前要测试水温。夏天暴晒下的水管中的水必须首先排空，否则水温过高，直接浇洗会烫伤犬的皮肤。同样，如果水温过低，受冷刺激后，犬会产生抵触心理或感冒。

（6）有些犬躯体有异味，此时需要采取额外措施。很多宠物店出售除臭剂，也可将多种洗发液混合使用，同样有效。

三、犬皮毛护理

（一）护理的目的

（1）犬身上的异味，每次洗澡后3d犬开始散味；其体臭根据犬种的不同也有很大差异，一般人对此非常敏感。犬与人朝夕相处，犬体的清洁健康是非常重要的，疏于对犬的护理将导致犬易患皮肤病和寄生虫病。

（2）在高温多雨的天气里，犬毛护理和入浴效果明显，洗去肌体上和毛层上的污垢，可促进血液循环和新陈代谢，同时能产生新毛。

（3）犬的沐浴以保持被毛的清洁健康为目的，但并不需要经常沐浴。幼犬顽皮好动，很容易变脏，沐浴次数要多一些；成犬要视运动量、环境、毛的长短和毛的色泽决定沐浴次数。

（4）犬毛脏乱时就要给犬洗澡，平均成犬一个月1～2次即可。但同种犬也要因个体犬的状态不同，来决定是否需要洗浴，其主要判断标准有以下几点。

①幼犬在进行驱虫、注射疫苗后的2～3周应避免洗澡。

②犬发热及腹泻或身体不适时应避免洗浴。

③ 发情期及母犬有交配预约的应避免沐浴（没有繁殖预定的可以沐浴）。
④ 妊娠犬要看天数；妊娠后期最好不要沐浴。
⑤ 老年犬和病犬要看身体情况，尽量缩短沐浴时间。

（二）洗浴液的选择

使用洗液的目的是为了保护和滋润被毛，使毛质、皮肤清洁。为防酸性物质对被毛的伤害并清洁被毛，在洗毛液中普遍添加了碱性成分，起到酸碱中和及清洁的作用。另外，犬的皮肤非常敏感，毛量多，通风差，犬的体温较高，造成细菌繁殖快，使犬更容易得皮肤病。

（1）保持被毛的酸性环境，就能保持毛发的色泽和健康。含碱的洗液，pH高、洗净力强。但其对皮肤的破坏也大，多在去除顽固污垢时使用。此时可以用中和碱性洗液的护毛素进行保护。

（2）要在各种不同洗毛液中选出最适合犬种被毛特性和毛色的洗液。

（3）针对不同毛色、毛质，将洗毛液分成不同的类型，可视犬毛脏的程度调节液体的浓度。

四、宠物美容前检查与护理的重要性

作为一名宠物美容师，在给每一只宠物美容之前，都要非常仔细地观察和检查它的健康状况，这是非常重要的。一只健康的宠物是机警的、跃跃欲试的，时刻观察着周围人或事物的动态。因此，一定要注意观察美容对象是否有以下不正常的表现：

（1）有臭味或异味。
（2）有口、鼻、眼、耳、躯体或生殖系统异常。
（3）食欲不振。
（4）喝水量猛增，并且有尿频的症状。
（5）腹泻或呕吐。
（6）行走困难。
（7）呼吸困难。
（8）不愿运动。

有些犬、猫在离开自己平时生活的环境之后会产生应激反应，如焦虑和压力，其表现为唾液分泌过多、颤抖、攻击性或恐惧、呼吸急促或气喘、脉搏或心跳过快、黏膜发白等。所以，在美容时一定要注意观察宠物的行为表现，如果发现什么疑问，应该跟宠物的主人进行及时的沟通。根据所养宠物的毛发情况不同，人们可能需要每天或者每周对宠物进行美容护理。经常美容对宠物的健康有着非常重要的作用，因为每一次美容都是对宠物身体状况的一次全面检查。

复习与思考

1. 熟练地进行宠物犬肛门腺分泌物的挤除，挤肛门腺时的操作要点是什么？
2. 熟练地对宠物进行洗浴并对被毛进行烘干处理。
3. 贵宾犬洗浴后为什么不能用烘箱烘干被毛？
4. 用烘干箱烘犬只时的注意事项有哪些？
5. 合理地选择犬只洗浴时所用洗毛液和其他护毛用品。
6. 给犬只洗澡时要注意什么？
7. 熟练地为贵宾犬、比熊犬等卷曲被毛的犬拉直被毛。

项目六

犬的美容造型修剪

任务一　贵宾犬运动装美容造型修剪

内容提要

贵宾犬的修剪从14世纪末、15世纪初就已经开始，当时的修剪是为了满足犬在水中寻觅猎物的工作需要，把阻碍其活动及游泳的体毛剪去，只留下前躯及关节的毛发，以保护呼吸系统及关节部位，形成了独特的英国马鞍装和欧洲大陆装。迄今为止，已演变出很多的样式。大型犬展一般要求，12个月以上的成犬需做欧洲大陆式修剪法或英国马鞍式修剪法，而12个月以下的幼犬则做芭比装修剪法或幼狮装修剪法。对一般的宠物贵宾犬，进行运动装或其他的宠物装造型修剪。根据贵宾犬本身的结构特点，本任务对运动装的造型修剪进行详细的讲解与演示，首先介绍贵宾犬的身体结构特点及修剪要点。

(1) 对犬的修剪要根据其标准体型取长补短，所以要先了解一下标准贵宾犬的体型（图1-6-1）。

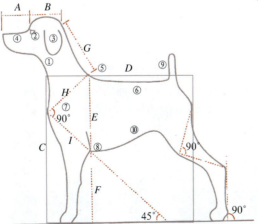

图1-6-1　标准贵宾犬的体型

①耳朵尖端到嘴角（除玩具贵宾犬以外）　②眼睛呈杏仁状　③耳根在眼睛延长线下面，沿着头部下垂　④鼻梁水平　⑤肩隆高，肩膀充分倾斜　⑥背部不弯曲，笔直而短　⑦肩胛骨和上腕骨呈90°相交　⑧胸部深到肘的里面　⑨尾巴根部稍胖，笔直向上　⑩腹部紧绷

$A=B$：口吻部和头盖长度相同　$C=D$：体高和体长相等（正方形体形）　$E=F$：肘在身体高度的1/2位置处　$H=I$：肩胛骨和上腕骨的长度相等　$G=C/3$：颈的长度是身高的1/3

（2）贵宾犬运动装的修剪示意（图1-6-2、图1-6-3）。

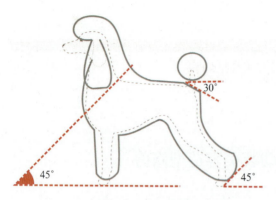

图1-6-2　贵宾犬运动装修剪外形示意

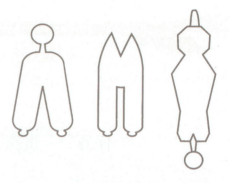

图1-6-3　贵宾犬运动装修剪后的后望、前躯、背部示意

 操作步骤与图解

一、修剪所用工具

工具包括：电剪、刀头（10号、15号），10号刀头剃腹底毛，15号刀头修剪面部、尾巴、四肢趾部及足底毛；剪刀；美容师梳或贵宾梳，用于修剪时梳挑毛。

二、修剪方法

贵宾犬运动装修剪后的效果如图1-6-4所示，具体修剪方法如图1-6-5所示。

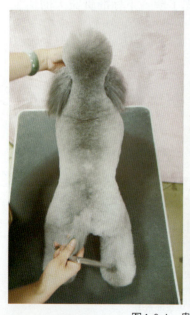

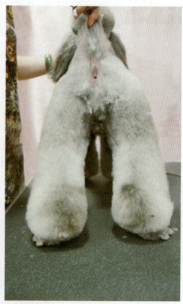

图1-6-4　贵宾犬运动装修剪后的背部、前躯、后望的效果

(1) 耳朵前根部到眼角剃一直线，沿着这条线往下朝眼角方向剃。两内眼角之间可以剃成V形，嘴巴和下巴都要剃干净。唇线处要拉紧皮肤剃

(2) 选取喉咙以下2～3cm处位置，从双耳后根部到这点连接起来构成V形，V形内侧的毛都剃干净，按左右对称直线剃十分重要

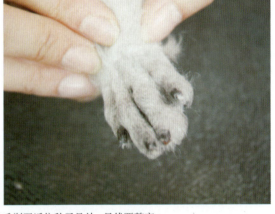

(3) 修剪足底毛，将贵宾犬脚部长毛剃至近位种子骨处，足线要整齐

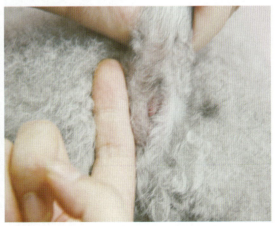

(4) 将犬的尾根部倒剃，呈倒V形剃干净，并将肛门外剃V形

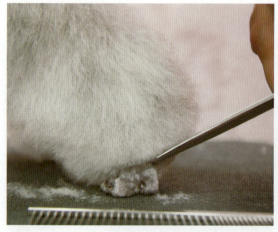

(5) 剪刀倾斜45°修剪前后肢脚边线一圈

(6) 180°平行修剪背线

(7) 倾斜30°修剪至坐骨末端

(8) 修剪后肢后侧，从坐骨端到膝关节垂直剪，再往下与桌面呈45°修剪

(9) 将后躯修剪成A形；并调整腿型及粗细，修剪成圆柱形

模块一 犬、猫的美容常识

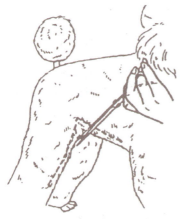

(10) 后肢与腹部要剪出角度

(11) 修剪足线,衔接各个棱角

(12) 与V形领处呈45°修剪;剪刀再倾斜45°修剪至肘关节前侧;修剪胸部时,前胸部一直到下胸和侧面要修剪成圆形曲线

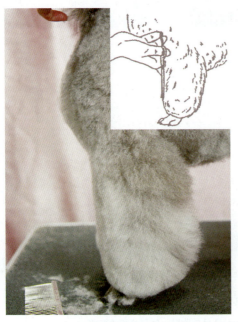

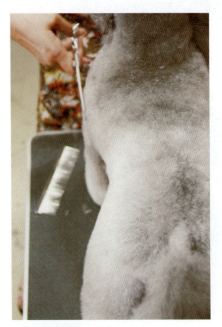

(13) 剪刀垂直向下修剪前腿,修剪时前腿前侧、外侧均垂直桌面剪,内侧平行于脊柱剪

(14)前肢与胸部要剪出角度

(15)按45°修剪眼睛前侧,翻起耳朵呈45°修剪至耳根,并顺着耳郭呈45°修剪出耳边线

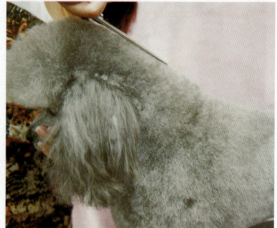

(16)头部方正修剪

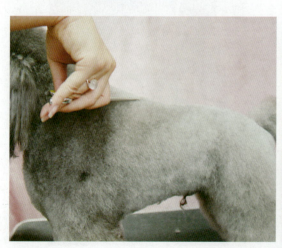

(17)将背线至下腹线做弧线修剪;于身体的后2/3处收腰,倾斜修剪下腹线

（18）握住尾巴的毛，按照一节手指长度来剃尾轴上的毛；把尾巴上所有的被毛往上梳，用手指拧几下后剪去尖端；用梳子把被毛梳成放射状展开，像画圆一样转动剪刀修剪成球形

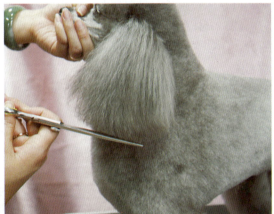

（19）耳部饰毛梳理后修剪整齐

（20）修剪前后贵宾犬的对比效果

图1-6-5 贵宾犬运动装的修剪方法

相关知识链接

一、贵宾犬赛级装的修剪造型简介

（一）英国马鞍装

英国马鞍装是始于猎犬时代的一种古老修剪手法。一般来说，马鞍造型的毛层修剪比较难做，应充分体会犬种标准并在此基础上反复演练，直至掌握其特征和要领。

修边与剃毛的部分高低不平、凹凸相间，熟练的护理员用高超的技术可扬长避短，充分发挥出犬先天的活力。

（二）欧洲大陆装

欧洲大陆装营造出轻盈身姿，使贵宾犬在比赛场中独树一帜，这一特征是非常有代表性的。在不损害其外观的基础上，依据犬种标准设计造型来修剪。

（1）体长超长、骨骼瘦弱、肌肉不足、脂肪肥厚的犬，不适合这种造型。

（2）犬体的背线和尾巴一定要准确，特别是后肢的角度非常重要，两后腿间距非常小的犬，不能采用这种造型。不要过分集中注意力在细节上，不光看静态美，也要想到犬的动态美。

（3）人们用各种技术技巧来修饰犬毛，使其光滑柔亮、造型优雅，贵宾犬的魅力在于毛层的质感和毛团的自然立体感。

（4）修毛的技术在于使毛一根根直立、一团团、一簇簇，像软缎一样，技术娴熟的美容人员只在梳拢背毛时用少许的喷雾定型液，多喷和多剪都是不适宜的。

（三）幼犬造型

幼犬造型通常是在不满12个月时，做装饰毛的第一次护理修剪。犬只成年后，要按英国马鞍装和欧洲大陆装的标准进行修剪。另外，在成长期的幼犬，无论犬体大小还是体形变化都很大，比如，3个月的幼犬在进行护理修毛时，每只犬的毛的弧度及厚度都不一样。但是，不管多大的个体，都应根据其自身的状态和表情来进行设计，使犬只展现优雅的外观、长身短背及丰厚的颈部装饰毛等，身高和身长呈正方形；由此，将很好地表现幼犬的自然美，创造理想的幼犬造型。

（四）赛级装的造型（图1-6-6）

英国马鞍式（12个月以上）

欧洲大陆式（12个月以上）

芭比装（12个月以下）

幼狮装（12个月以下）

图1-6-6　赛级装的造型

二、贵宾犬身体畸形的外形修剪纠正示意

贵宾犬身体畸形的外形修剪纠正如图1-6-7所示。

图1-6-7 贵宾犬身体畸形的外形修剪纠正示意
①犬的正常外形修剪示意 ②长身短肢犬的补正修剪示意 ③短身长肢犬的补正修剪示意 ④凸背犬的补正修剪示意 ⑤凹背犬的补正修剪示意 ⑥正常型后肢、前肢修剪示意 ⑦后肢内八型与前肢间距窄的补正修剪示意 ⑧后肢外八型与前肢间距宽的补正修剪示意

三、贵宾犬的被毛染色

（一）染色工具

工具包括：染色膏、调和剂、刷子、梳子、调染料碗、吹风机、洗毛液、吸水毛巾等。

（二）造型修剪

先看体型，确定修剪的类型。可对贵宾犬的尾球、前后肢球及头冠（半球）进行着色。

（三）染毛

（1）将染色膏与调和剂混匀。

（2）一只手戴一次手套抓住毛，另一只手用刷子将染色膏刷到毛上，并用梳子梳。

（3）用吹风机将染毛处吹干。

（4）将染色的毛用洗毛液（也可不用）漂洗，用吸水毛巾擦干，再用吹风机吹干。

（5）调染料的碗用完立即洗净。

（6）不要将染料沾到不染毛处。

（四）染色后的贵宾犬效果示意（图1-6-8）

图1-6-8　染色后的贵宾犬效果示意

复习与思考

1. 绘制贵宾犬的几种常见造型示意图。
2. 绘制贵宾犬的几种异常外形的纠正方法示意图。
3. 修剪一只贵宾犬需用哪些美容工具？
4. 学习染色剂的调制，为犬毛上色及整形。

任务二　贵宾犬泰迪装美容造型修剪

内容提要

贵宾犬的美容造型修剪到今天为止，已演变出很多的样式。下面介绍时下较为流行的一种美容修剪造型——泰迪装，泰迪装的整体外形特点是圆，即头圆、嘴圆、身体圆润，耳朵的长短依据犬的体型特点以及个人爱好酌情而定。另外也可以在此基础上进行创意修剪。

操作步骤与图解

一、修剪所用工具

工具包括：电剪、刀头（10号、15号）、剪刀、美容师梳；10号刀头剃腹底毛；15号刀头剃肛门；美容师梳用于修剪时梳理与挑毛。

二、修剪方法

贵宾犬泰迪装的修剪方法如图1-6-9所示。

（1）修剪前将犬的被毛洗净，梳通，无缠结

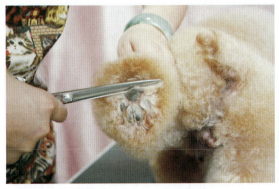
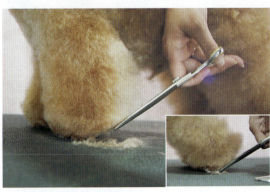

（2）修剪脚底毛；剪刀倾斜45°修剪前后肢脚边线一圈

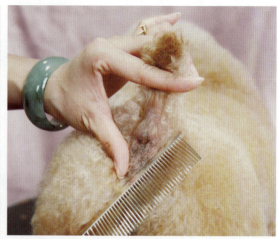

(3)修剪肛门附近及向上的被毛,使肛门周边修成正V形

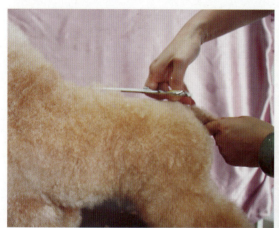

(4)180°平行修剪背线

(5)剪刀倾斜45°,修剪至坐骨末端

(6)刀尖向内倾斜45°,修剪至膝关节后方;将两个45°形成的直角修剪成圆形

(7)用直剪将尾根至坐骨处修剪出弧线,使臀部圆滑、丰满;后躯修剪成倒U形

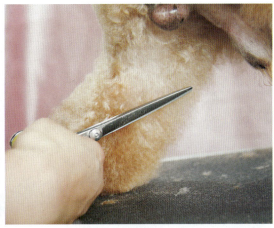

（8）用直剪将后腿修剪成圆柱形，与臀部自然衔接，要有自然的曲线，并调整腿型及粗细

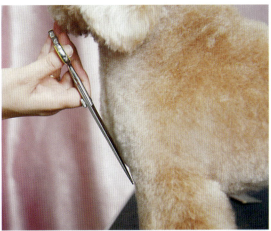

（9）与喉结平行修剪，分割出头部与胸部

（10）前胸部一直向下，将前胸修剪为一字胸，胸和侧面要修剪成圆形曲线

（11）剪刀再倾斜45°，修剪至肘关节前侧

（12）前腿垂直向下，整体修剪为圆柱形

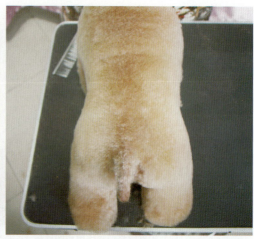

（13）抬起犬的前腿，剪刀倾斜修剪胸部与下腹线；在身体的后2/3处修剪腰线

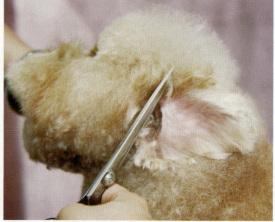

（14）剪刀倾斜45°，从嘴部两侧修剪至后耳根处；耳朵翻起，从嘴部开始由下向上修剪至上耳根处

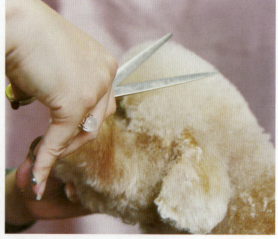

（15）将眼睛上方的毛发修剪干净（越短越好）；头顶上方修剪成圆形

（16）嘴部修剪成面包状，并将上嘴唇的毛发剪干净，呈微笑状

（17）头部下扣45°修剪颈线　　　　　　　　（18）修剪耳朵（耳朵可留长毛或短毛）

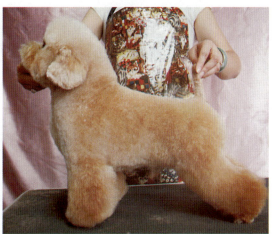

（19）修剪前后贵宾犬的对比效果

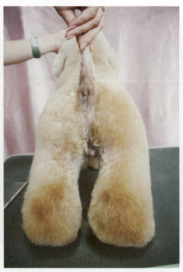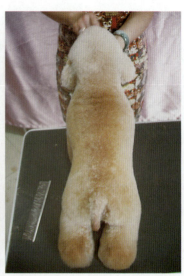

（20）贵宾犬修剪后，泰迪装的前、后、背部的造型修剪效果

图1-6-9　贵宾犬泰迪装的修剪方法

三、贵宾犬的其他泰迪装修剪图赏析

贵宾犬的其他泰迪装修剪如图1-6-10所示。

图1-6-10　贵宾犬的其他泰迪装修剪

模块一　犬、猫的美容常识

复习与思考

1. 绘制贵宾犬泰迪装的造型示意图（在运动装的基础上修改）。
2. 练习修剪泰迪装，掌握修剪技巧。
3. 在现有的泰迪装造型基础上，进行创意设计及进行其他的造型修剪。

任务三　比熊犬美容造型修剪

内容提要

大约在16世纪时，比熊犬被引入法国，并取得了小型改良的成功，成为人们喜爱的宠物。后来，美国人开发了比熊犬的独特造型，在该造型基础上又进行了更深入的创新，形成了如今宠物展上的标准造型。

比熊犬的被毛是长而松软的卷毛。其洁白而密实的下毛与略硬的上毛触摸时犹如天鹅绒。毛质丰厚、充满弹力正是比熊犬的魅力所在。这种犬给人的整体感觉就是圆圆的，包括它的脚和鼻尖都是圆球状。为这种犬修剪时要使其毛量丰厚的特点得到充分的展现。因此在整个美容过程中一定要细致入微，使犬毛得到充分的修整，这点尤为重要。比熊犬的修剪造型如图1-6-11所示。

图1-6-11　比熊犬修剪后的造型示意

一、修剪所用工具

工具包括：电剪、刀头（10号或15号），10号刀头剃腹底毛及修剪足底毛；剪刀；美容师梳或贵宾梳，用于修剪时梳挑毛。

二、修剪方法

比熊犬的修剪方法如图1-6-12所示。

(1)剃净足底毛

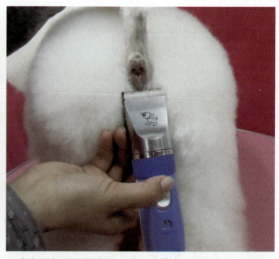

(2)肛门周围的毛用10号刀头推净,尾根以上1~2cm处剪短

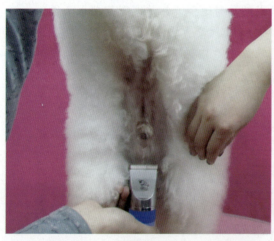

(3)推净腹底毛,公犬要在生殖器以上剔出倒V形

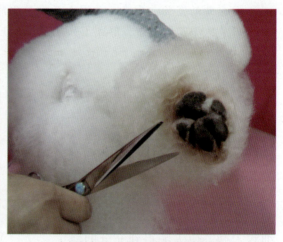

(4)提起前、后肢,将脚边修理整齐

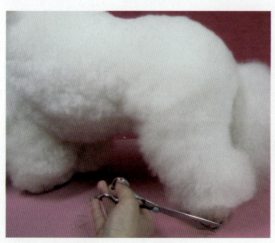

(5)放下犬肢,剪圆脚边线

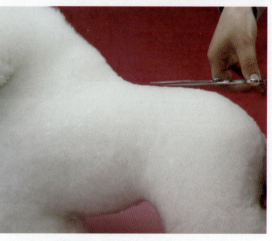

(6)观察毛量,按比例水平修剪背线第一个面

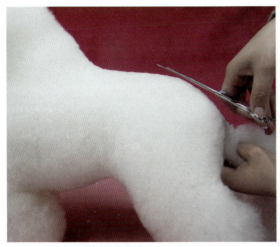
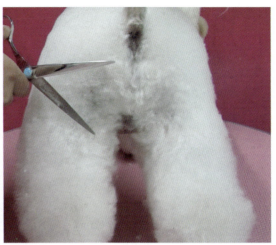

(7)修剪髋骨到坐骨的平面,该面与水平面夹角45°　　(8)从坐骨到脚面垂直向下修剪被毛至膝关节后方

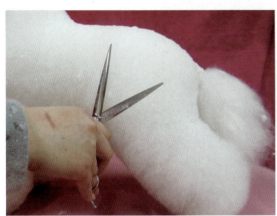
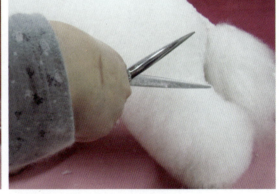

(9)被毛倾斜度与跗骨的立体感相搭配,保持相同的曲线过渡到足尖,并与腿弯自然衔接

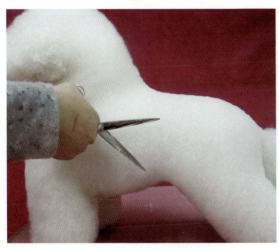
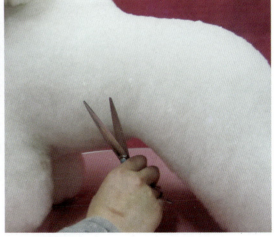

(10)被毛在腰部收细,腹部要剪成圆弧状,躯干部与后腿自然衔接

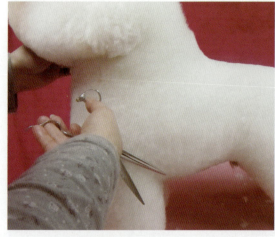
(11)对照后肢调整前肢,使内外两侧、前后肢都呈圆柱状

(12)脖线要与躯干部自然衔接

(13)前胸与前腿自然衔接

(14)两眼之间毛剪短,眼线要顺畅明显

（15）由头前部至后脑过渡要圆滑

（16）耳朵与头部形成一体，包在毛里

（17）下颌的下边线要与头部的轮廓吻合

（18）头部要与背线自然衔接

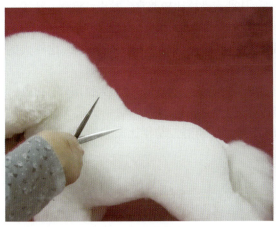

（19）调整头、颈、躯干、四肢，使其整体协调

（20）调整头部，使其呈正圆形

(21) 修剪前后比熊犬的对比效果

图1-6-12 比熊犬的修剪方法

相关知识链接

比熊犬与贵宾犬外貌形态的区别如下：

1. **嘴**　贵宾犬是长而尖的略微上翘的嘴巴，吻部到凹陷的长度与凹陷到枕部的距离相等。比熊犬的嘴要短得多，脸宽，咬合比贵宾犬要宽大一些，吻部两眼间凹陷部的距离是吻端部到枕部距离的3/5。比熊犬有特有的"迷人的微笑"，轻轻扒开唇边的毛，可以看到比熊犬与贵宾犬不一样的唇线。

2. **尾**　贵宾犬要断尾，修成球状，直尾，不断尾也不会背在背上。贵宾犬的尾尖部更细，尾毛明显稀疏；比熊犬不断尾，尾巴长，要背在背上。比熊犬尾巴更粗些，尾毛浓密。

3. **头**　贵宾犬在剃脸后相对较小；比熊犬在剃脸后相对较大。

4. **骨量**　贵宾犬的骨很轻，有明显感觉；比熊犬的骨相对很实沉。

5. **体型**　贵宾犬的腿比较长一点，身高与体长相等，呈正方形；比熊犬的腿比较短一些，比较结实，看起来圆润一些，身长比肩高长，呈长方形。2月龄幼犬时，比熊犬要比贵宾犬小一些。

6. **眼睛**　贵宾犬为椭圆的桃胡状，眼距宽；比熊犬眼睛为圆形，眼外侧与鼻端构成等边三角形，比熊犬的眼睛看上去要比贵宾犬的大。

7. **性格**　贵宾犬很聪明伶俐，属于乖巧敏捷型；比熊犬性格比较憨直、黏人、温顺、活泼。

8. **耳朵**　贵宾犬的耳朵长，耳根与眼尾同一水平线或略低，很多白色贵宾犬耳朵和背毛色不一致；比熊犬耳朵小，耳朵比眼尾水平线略高，上面覆盖着波浪形的长毛，比熊犬的耳朵和被毛是同一颜色的。

9. **毛色**　贵宾犬有红色、巧克力色、黑色、白色、香槟色、灰色等；比熊犬目前只有白色。

10. **毛质**　贵宾犬被毛呈卷毛状，质地自然、粗糙，且密布全身。幼年贵宾犬的毛相对比较直；比熊犬毛柔和，有触摸丝绒与天鹅绒的感觉，且稠密。幼年比熊犬的毛比较卷。

复习与思考

1. 绘制比熊犬的常见造型示意图。
2. 了解比熊犬的体型结构特点，针对犬的体型进行造型修剪。

3. 修剪比熊犬需用哪些美容工具？
4. 学习染色剂的调制，对比熊犬进行创意造型设计及被毛染色。

任务四　北京犬狮子装美容造型修剪

内容提要

一、北京犬的外貌特征

北京犬又名小狮子犬、北京袖犬。该犬标准体高20～25cm，体重3.5～6kg，属于典型的公寓犬，遇突发状况时会猛烈吠叫，可做看护犬，现今主要作为玩赏犬和伴侣犬。

北京犬身材矮胖，肌肉发达，肩厚胸阔；前腿短而向外弯，后腿轻稳，脚扁而不圆；有两层被毛，下层绒毛长而厚，上层被毛粗而直，耳、胸、腿、尾都长有长而漂亮的装饰毛；面部正观平阔，侧观扁平，具有心形垂耳；鼻子位于两眼中间，鼻子上端正好处于两眼间连线的中间位置；眼睛非常大且突出，眼球黑、圆，有光泽而且分得很开，眼圈为黑色；嘴阔，有皱褶，下颌坚实，不露齿。

二、北京犬的护理

北京犬下毛丰厚，宜每天梳理一次，但不能用钢丝刷，否则把底毛全刷净；每天定时户外运动或随主人外出散步；牙齿必须经常保持清洁，避免过早脱落。北京犬属于阔面扁鼻犬，易缺氧，天气闷热常会导致呼吸困难，故天气炎热时应注意防晒以免中暑。此外，北京犬眼球大，外露多，与外界接触面大，易感染，为防止角膜感染，可用2％硼酸水溶液洗眼，每天或隔天洗一次。

操作步骤与图解

一、修剪所用工具

工具包括：电剪及4号、5号、10号、15号刀头；直剪、牙剪；美容师梳。

二、准备工作

(1) 脚底用15号刀头剃干净。
(2) 用10号电剪刀头将腹毛剃干净，公犬剃成倒V形，母犬剃成U形。
(3) 肛门周围及尾根用10号或15号刀头修剪，尾根向上要剃至3cm左右。

三、修剪方法

北京犬的修剪方法如图1-6-13所示。

（1）将头部放平，使用4号或5号刀头从肩胛后两指处剃至尾根上方

（2）腰部两侧要顺毛匀速剃到下腹线，留出前胸及后躯用剪刀进行衔接

（3）剪刀倾斜45°修剪脚边线一圈，后脚边修剪成圆形；修剪后肢飞节以下多余的长毛，要自然伏贴，但不可修剪得过多，以免影响骨量

(4) 用剪刀修剪肛门周围的被毛，顺腿型修剪至飞节

(5) 保护好生殖器，刀尖向下将大腿内侧修剪干净，将臀部分割成左右两瓣

(6) 修剪腰部与后躯的衔接部位

(7) 修剪腰部与后腿膝关节处的衔接部位，使后腿从侧面看呈"鸡大腿"状

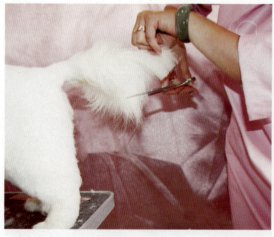

（8）提起尾巴并修剪成大刀形，翻起尾巴，将肛门周围及尾根处多余毛发修剪干净且短

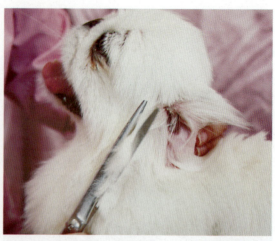

（9）将头部放正，剪刀放斜，修剪颈线至肩胛

（10）衔接肩胛处电剪部位，剪刀放于耳后修剪颈部

（11）将耳朵翻起使用牙剪，将耳洞口毛发修剪成"八"字形并将头部衔接平整

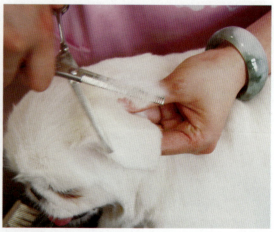

（12）耳朵修剪成桃心状，并用牙剪将耳朵背面的被毛打薄

(13) 细修颈部

(14) 将前腿提起，修剪腹底及前腿后侧

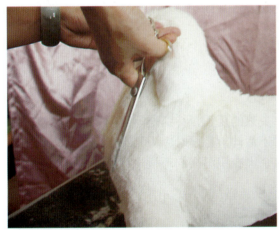

(15) 从下颌至胸骨的部分做依次修剪，直至有圆滑隆起的形状，胸部浑圆、饱满

(16) 将前肢修剪成圆柱形，但不要修剪过细，否则会显得身体太重破坏整体比例，将围绕前脚趾周边的毛剪整齐

（17）北京犬修剪前的外形与剪刀操作时的运剪走向示意

图1-6-13　北京犬的修剪方法

相关知识链接

一、北京犬的饲养方法

北京犬的抗病和抗恶劣环境的能力不强。炎热的夏天，特别是闷热的天，它会出现呼吸困难，甚至中暑。平时不要让它在烈日直射下活动，必要时应为其降温或移到通风、凉爽处。在天气忽冷忽热时，防止受凉感冒。北京犬在室温高的环境中生活，易脱毛。在北京犬的饲养管理中，要给予足够的营养。

二、北京犬的美容与卫生

北京犬的眼睛大而圆，易受灰尘和脱落毛的侵入，故应经常用2%硼酸棉球或冷开水棉球轻轻地由眼内向外擦拭，以除去异物。天气热时，可用电剪将腹底毛剃除，并将胸底部的被毛剪短，以利于散热。尾部的长毛向左右等分梳顺，使其自然垂直。对脚内侧多余的毛和趾间的毛要按脚形修剪。至于体躯、鬃毛及底毛丰满的部分，应用钢丝刷刷拭。对脸部较薄的毛可用梳子梳理，而较粗硬的毛要小心剪短，脸部最好不要有太多的毛，因此，对耳部的底毛可用粗毛剪修剪掉。

三、北京犬易患腰椎间盘突出

北京犬易患腰椎间盘突出，病犬不爱运动，不敢跳跃，背部弓起，行走异常，被抱起时因突然疼痛而吠叫。严重时可能突然出现后躯瘫痪、大小便失禁、后腿肌肉萎缩等症状。因此，对北京犬的防护非常重要。

（一）引起此病的原因

1.遗传因素

2.营养失调　北京犬对钙的吸收能力较弱，应补充足够的钙质。除了喂骨头外，应每日喂维生素A与维生素D。减少喂动物内脏及内脏含量过高的犬粮。

3. 抱犬的姿势不当　双手托住犬腋窝然后垂直举起,有时甚至剧烈晃动,这样会损伤脊椎。抱起时应四肢一起托住,腰部保持水平,带病犬出门时可选择宠物背包。

(二)对患此病的北京犬的护理

(1) 因病犬很难控制大小便,会造成腹部和臀部褥疮,应及时清洗并撒爽身粉。

(2) 要注意补充钙及维生素A与维生素D。停止喂动物肝,改吃犬粮。

(3) 对于长时间不能恢复的病犬,要经常按摩腰部和后肢,避免肌肉萎缩。

(4) 多在户外活动,紫外线照射可使皮下的麦角固醇转化为内源性维生素D,有利于钙质的吸收。运动后最好让犬喝些葡萄糖水。

(5) 犬恢复健康后也要注意补钙,减少剧烈运动,如奔跑、跳跃、交配等。上下楼要抱着,严禁双手托住犬腋窝后垂直举起。

(6) 每半年做一次检查,发现类似抽筋的症状及时去医院。

复习与思考

1. 描述北京犬的性格特点及外貌特征。
2. 修剪北京犬所用的美容工具有哪些?
3. 绘制北京犬的造型修剪图,并说明重点部位的修剪方法。
4. 根据所绘制的北京犬美容造型图,进行实践操作。

任务五　迷你雪纳瑞犬美容造型修剪

内容提要

一、雪纳瑞犬的外貌特点

雪纳瑞犬起源于15世纪的德国,是唯一在㹴犬类中不含英国血统的品种,其名字"Schnauzer"是德语中"口吻"的意思,原因就是因为此种犬的标志性特征就是在吻部有很浓密的胡须。雪纳瑞犬的表情丰富,喜怒哀乐都会有明显不同的表现,对人非常亲切友善而且忠心耿耿,是一种聪明、易于调教的犬种。

迷你雪纳瑞犬的理想肩高为30.5~35.6cm,体重6~8kg,身长与肩高比为1∶1,身体结实,骨量充足。头部呈矩形,眼睛小、深褐色,眼睛呈卵形而且眼神锐利。耳朵位于头顶较高的位置,内边缘竖直向上,外边缘可能略呈铃状。如果未剪耳,则耳朵小,呈V形,折叠在头顶(纽扣耳)。具有双层被毛,即柔软细密的底毛和粗硬长直的上层毛。

二、雪纳瑞犬的美容修剪造型

雪纳瑞犬的美容修剪造型如图1-6-14所示。

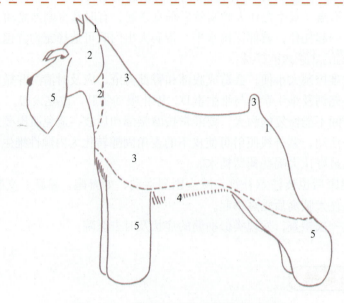

图1-6-14 迷你雪纳瑞犬的修剪造型示意

①用15号刀头将耳与肛门附近毛（标注1的区域）剃短
②用10号刀头将面部与颈部毛（标注2的区域）剃短
③用7号刀头将颈至尾部尖处被毛（标注3的区域）剃短
④前胸部、腹线（标注4的区域）角度须依犬的高矮、身体长短修剪出最佳长度和角度
⑤前肢、后肢（标注5的区域）呈厚实圆筒状，脚趾部饰毛须剪成圆底状，胡须处的被毛保留，稍做修饰

操作步骤与图解

一、修剪所用工具

工具包括：美容师梳；电剪（7号、10号、15号刀头）；剪刀（7寸以上直剪、牙剪）。

二、准备工作

（1）将雪纳瑞犬清洗后烘干，将被毛梳理通顺。
（2）脚底毛用15号刀头剃干净。
（3）用10号电剪刀头将腹毛剃干净，公犬剃成倒V形，母犬剃成U形。

三、修剪方法

雪纳瑞犬修剪方法如图1-6-15所示。

（1）用电剪15号刀头将脚底毛剃干净，使趾间无毛

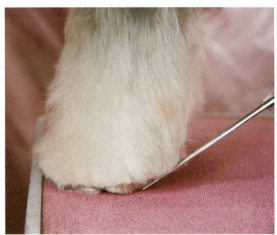 

（2）让剪刀与桌面成45°角，将脚边线修剪一圈，前腿与后腿的修剪方法相同

（3）用10号刀头从眉骨后一指处顺毛剃至枕骨

(4)用10号刀头由上耳根处向外眼角直线剃至眼角后一指及嘴角后一指（逆毛），再由外眼角垂直向下至下颌

 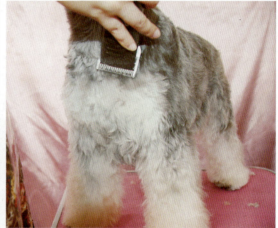

(5)用10号刀头从喉结处开始剃至胸骨与喉结之间的1/2处，并剃成U形

(6)用15号刀头顺毛将耳朵内、外侧毛剃除，要剃得极贴皮肤，耳洞周边毛可逆毛剃掉

(7) 背部由枕骨至尾尖用7号刀头顺毛修剪，将头部与身体拉水平

(8) 尾巴也要用7号刀头修剪，自肛门向上；肛门向下剃至生殖器附近

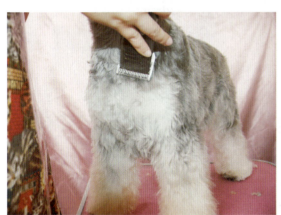

(9) 前望将毛剃至胸骨处

(10) 肩部由肩胛顺毛剃至前肢肘关节处，并与前胸做斜线连接

(11) 后肢由腹侧饰毛最高点至飞节上4指的部位处做斜线修剪，后肢前、侧毛留下做腿部修剪

(12) 屁股从后望，应有一处箭头形区域，用10号刀头逆毛修剪

（13）将耳根下方与颈部相接处做过渡修剪，不可令长毛任意飞出

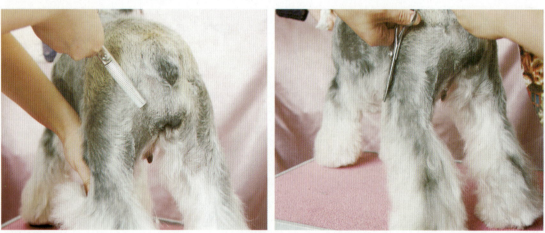

（14）用牙剪将臀部逆毛修剪区域与背毛顺毛修剪区域相接处、后腿外侧的剃毛区域与长毛相接处做过渡修剪，使分界痕迹不很明显

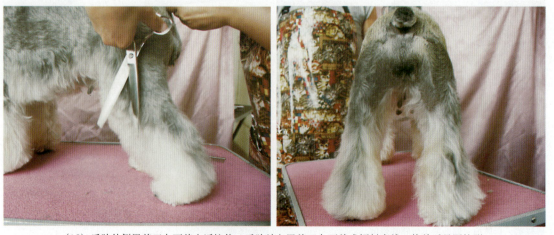

（15）后肢外侧用剪刀向下剪出近柱状，后肢前方用剪刀向下剪成倾斜直线，修剪后呈圆柱形

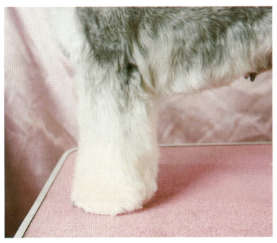
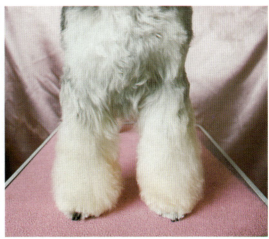

（16）前腿后侧脚垫部修成有微微向上的弧线，前腿最终修成保龄球瓶形或圆柱形即可

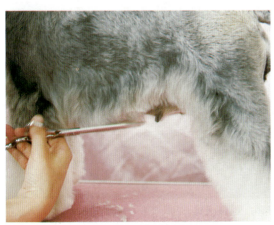
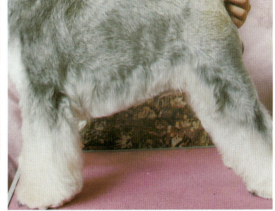

（17）体侧饰毛修剪成前低后高的整齐斜线，体侧饰毛与后腿前侧相接处修出向上弧度

（18）用牙剪将外眼角下方和脸颊相接处做过渡修剪，外眼角毛发修剪干净，使从侧面看露出眼睛

（19）用牙剪从两眉之间至鼻根部修出一条较窄的明显分界，令两边眉毛分开

(20) 把眉毛翻开露出两眼,在两眼间修剪出一个菱形,也可以说是由一个正V形和一个倒V形构成,内眼角一定要修剪干净

(21) 将直剪尖指向鼻端,剪刀开合部贴住外眼角后端脸颊部,在眉毛处做一刀式修剪,令两边眉毛上长下短,左右两边眉毛修剪方式相同,长短一致

 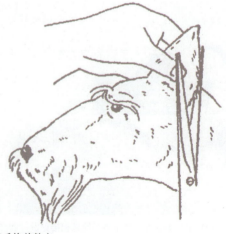

(22) 用剪刀将两耳边缘的碎毛修剪整齐

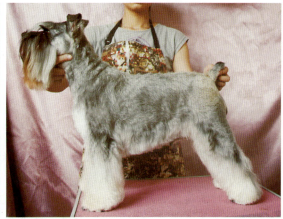

（23）修剪前后雪纳瑞犬的对比效果

图1-6-15　雪纳瑞犬修剪方法

复习与思考

1. 标出图1-6-16中雪纳瑞犬修剪时不同阴影部分的电剪运剪方向及所使用的刀头型号。

图1-6-16　雪纳瑞犬修剪方法考核

2. 画出雪纳瑞犬的眉毛修剪示意图，并注明修剪要点。

任务六 西施犬圆头夏装美容造型修剪

内容提要

西施犬是外形粗壮、醒目、有双层长毛的玩具犬,性格非常活泼及友善。表情温柔、甜美,对人热情。头圆、宽,头和身有好比例,头盖骨拱起,额段明显。嘴筒四方形、短,没有皱纹,鼻梁直,下唇和下巴不突出,但也不萎缩。眼大且圆,不突出,双眼间距宽,眼直视,极深色。咬合为地包天咬合。颈畅顺至肩,够长度,头可以抬得高。

西施犬的身长比肩高长。被毛为双层毛,浓密、长且顺畅,可以容许有微波纹。西施犬的被毛不能硬,底毛一定要柔软和浓密,外层毛较硬且平贴底毛。

操作步骤与图解

一、修剪所用工具

工具包括:美容师梳;电剪(4号、5号、10号、15号刀头);剪刀(7寸以上直剪、牙剪)。

二、修剪方法

西施犬圆头夏装的修剪方法如图1-6-17所示。

(1)用10号或15号刀头剃除肛门周围及向上3cm左右的被毛,显得干净利落

(2)用剪刀将脚底毛剪干净

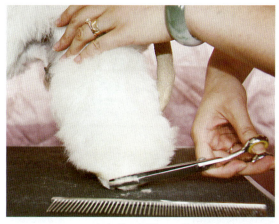

（3）剪刀倾斜45°修剪脚边线一圈，将后脚边修剪成圆形，脚边毛不可长至地面

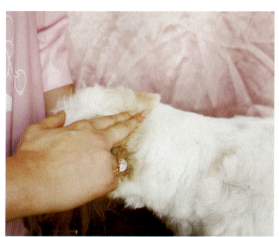

（4）头放平，使用4号或5号刀头，从枕骨后两指沿背部顺毛剃至尾根

（5）用4号或5号刀头从耳后剃颈部两侧，从背部顺毛剃至侧腰部

(6)倾斜45°修剪至坐骨末端,衔接肛门电剪部位

(7)刀尖向下指向膝关节后方45°修剪

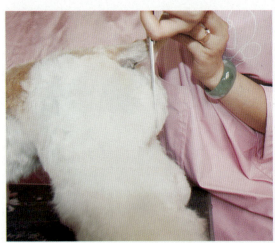
(8)将两个45°形成的直角修剪圆滑,将后躯修剪成倒U形

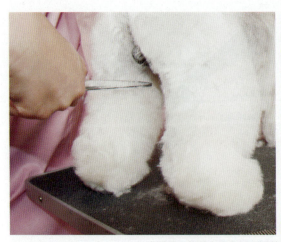
(9)保护好生殖器,修剪大腿内侧,调整腿型、粗细并做整体修剪,使腿呈圆柱形

（10）后肢外侧用梳子将毛挑起，修剪成整齐的垂直线，后肢的前侧也要修剪整齐

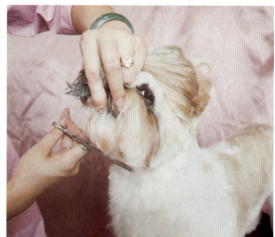

（11）找出喉结的位置，平行修剪下颌，分割出胸部与头部

（12）耳朵翻起，剪刀倾斜45°修剪至后耳；细修脸部一侧，并将耳洞口毛发修剪干净，直至上耳根，呈圆形

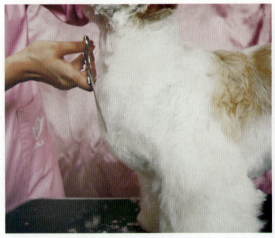

(13)胸部修剪成小圆胸,至肘关节前方,并与5号电剪处衔接

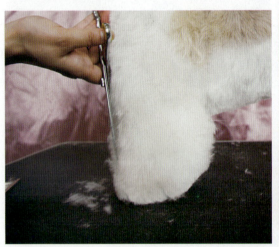
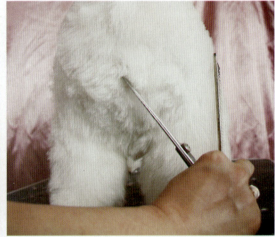

(14)前腿前侧垂直向下修剪,整体为圆柱形,正望前胸为"大酒瓶"形

(15)前肢外侧和肩胛衔接处修剪成垂直线

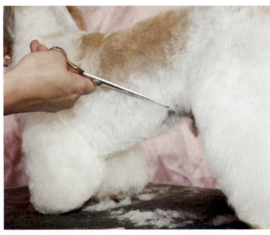

（16）将前腿抬起修剪，将胸部的饰毛修剪成微微的弧形至胸底；身侧由上至下修剪成圆弧形，使胸毛、腹毛衔接，后肢与腹部衔接处要做弧度处理

（17）将头顶毛发向前梳理后，修剪成半圆形

（18）将鼻梁上方至内眼角处的毛修剪干净整齐，以鼻头为中心将嘴上毛发呈放射状梳理并修剪成圆形

（19）用牙剪将下颌修剪成圆弧形，将耳朵翻下，将头顶毛用牙剪剪至合适长度

 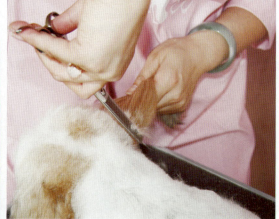

（20）衔接头顶、耳朵部位及头顶之前预留的两指处

 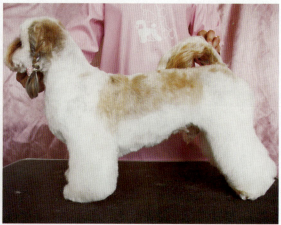

（21）修剪后的西施犬，尾巴与耳朵根据需求修剪，并可用装饰物进行装饰

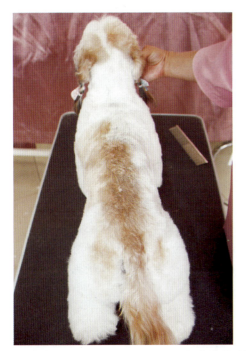 

（22）修剪后的西施犬的背部与前胸造型效果

图 1-6-17　西施犬的修剪方法

复习与思考

1. 根据图 1-6-18 示意，学习绘制西施犬圆头夏装的臀部、尾部的修剪图，并标明运剪方向。

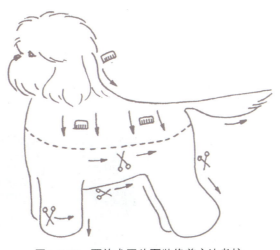

图 1-6-18　西施犬圆头夏装修剪方法考核

2. 绘出西施犬圆头夏装的后肢修剪图，并标明运剪方向。
3. 绘出西施犬圆头夏装的前肢修剪图，并标明运剪方向。
4. 西施犬圆头夏装的头部、躯干部修剪要点有哪些？

任务七　博美犬美容造型修剪

内容提要

博美犬是波美拉尼亚丝毛犬系列中最小的品种。博美犬身体结实，充满活力，性格温顺，举止轻快。该品种的主要特征就是极为活泼、精力旺盛。

博美犬是一种结构紧凑、短背、活跃的玩具犬。它拥有柔软、浓密的底毛和粗硬的被毛。尾根位置很高，长有浓密饰毛的尾巴平放在背上。它的毛发分为两层，毛色多样，需要定期护理。博美犬需要温柔地爱护，是成年人理想的家庭宠物犬。下面介绍一种常见的博美犬宠物装造型修剪方法，也可以根据需要在此基础上改装，但要突出博美犬的个性特点。

操作步骤与图解

一、修剪所用工具

工具包括：美容师梳；电剪（10号刀头）；剪刀（7寸以上直剪、牙剪）。

二、准备工作

（1）将博美犬清洗后烘干。
（2）将犬的腹底毛剃除，脚底毛剪干净。
（3）清洁犬的耳道与眼睛，修剪趾甲。

三、修剪的方法

博美犬的修剪方法如图1-6-19所示。

（1）用10号刀头将肛门周围的毛剃掉，范围不能太大，把尾根部周围的毛剪短2～3cm；倾斜45°修剪至坐骨末端，衔接肛门电剪部位

（2）将毛逆毛梳起，飞节向下修齐即可，不能剪得过短，适量的毛有修饰腿部的作用

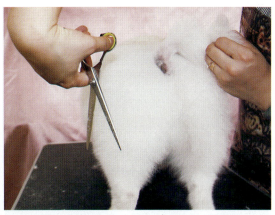

（3）根据犬体型定出屁股大小，由半圆弧最高点向下至后肢飞节处做弧线修剪

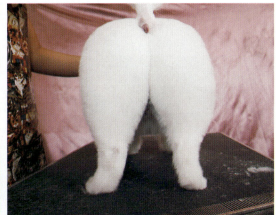

（4）博美犬的后腿修剪至飞节处，使整个后腿看起来呈"鸡大腿"状；屁股可以修剪成一个完整的圆，也可修剪成两个半圆形

（5）整个背部要修剪得浑圆，最好从头至尾有一定斜度

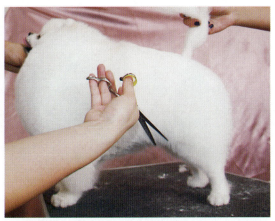

（6）腰部要微微收敛，但不要将后躯与前躯过分分开

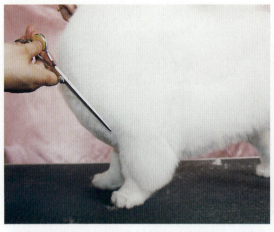

(7) 前胸修剪后一定要给人以挺胸抬头的感觉，胸部要修剪得饱满，其最高点要在胸骨的斜上方

(8) 胸侧部要修剪得饱满，不可修剪成扁直

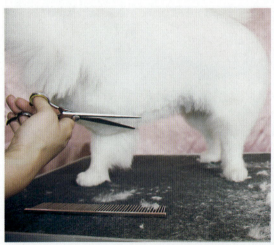

(9) 胸下部最低点至前肢的肘关节，向后至腹部有收腹线，胸部不能收窄，应宽阔浑圆

(10) 前脚修剪成圆形

(11) 用梳给毛做扇面式梳理，沿其身体宽度做扇形修剪

（12）两只耳朵做三刀修剪法

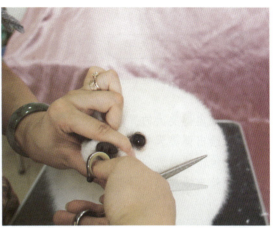
（13）脸部胡须应剪掉，但也可根据需要不修剪

（14）耳根处的毛应与头顶部及颊部的毛相连接，呈圆形，将两耳埋于其间

（15）修剪前后博美犬的对比效果

图1-6-19　博美犬的修剪方法

复习与思考

根据任务七中所介绍的博美犬修剪图解与下面博美犬的造型修剪示意（图1-6-20），回答下列问题：

1. 绘出博美犬的臀部修剪图，并标明运剪方向。
2. 绘出博美犬的前、后肢修剪图，并说明修剪要点。
3. 绘出博美犬的前胸修剪图，并标明运剪方向。
4. 绘出博美犬的耳部修剪图，并说明修剪要点。

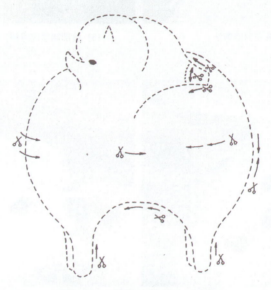

图1-6-20　博美犬修剪方法考核

任务八　长毛犬护理

内容提要

犬的身体几乎都被被毛所覆盖，寄生虫、疲劳、激素异常及外伤等都会影响皮毛；犬的被毛分主毛和副毛，也称上毛和下毛。上毛较硬，主要负责保护皮肤；下毛柔软，主要负责调节温度。汗腺分大汗腺和小汗腺两种：小汗腺只存在于四爪内侧的小肉球中，温度高时以足底排汗的方式调节体温；大汗腺是从尾根部至背线，这个部位要注意的是汗腺分泌物非常多，容易引起炎症和过敏反应。除汗腺外，皮脂腺的作用也很大，可起到滋润皮毛的作用。犬的护理会使犬的皮肤和毛根增加活性，有益健康。

操作步骤与图解

一、护理所用工具

工具包括：钢丝刷、针梳、贵宾梳、分界梳、护毛喷雾、夹子、枕头、皮筋、包毛纸、毛巾、吹风机、胶条、洗浴液、护毛素等，如图1-6-21所示。

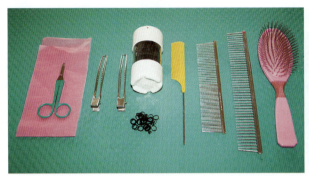

图1-6-21　长毛犬被毛护理时所需要的美容工具

二、护理的步骤

（1）刷理。
（2）清洁眼耳。用洗眼水清洁眼睛，先使用耳粉拔掉耳毛，再使用洗耳水清洁耳道，清洗完毕后两耳用棉花塞实。
（3）洗澡。
（4）烘干。
（5）包毛。

三、护理过程图解

以贵宾犬为例，长毛犬护理过程如图1-6-22所示。

(1) 用针梳、贵宾梳逆毛刷理四肢及后躯

(2) 用针梳或贵宾梳刷理前胸及背部被毛

(3) 梳理包毛区域（由后至前），拆开包毛纸喷洒喷雾，及针梳顺毛梳理，再用贵宾梳梳理

(4) 对头部进行喷洒护毛喷雾时，要用手遮住眼，以免伤到眼睛，同时顺毛梳顺

(5) 用适合温度的水打湿脚底及肛门，并清洁肛门腺，清理的腺体用水冲净

(6) 打湿长毛区域（必须浸透毛发），冲洗头部时将犬头仰起，防止水流入眼、耳、鼻

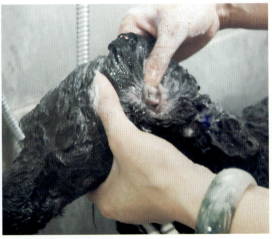

(7) 用深层清洁液涂抹在犬各部位，仔细揉搓，尤其是要翻起耳朵将耳洞周边清洁干净

(8) 从头到脚,从上到下顺毛冲净毛发

(9) 用日常护理液涂抹在犬各部位,轻轻揉搓,使护理液浸透全身,用水冲洗干净。有必要时使用日常护理护毛素(清洁使用的步骤同上),使用护毛素时要让毛发充分吸收并将工具清洗干净

(10) 擦拭洗好的犬的被毛后,将犬放置在美容台上趴卧,先由前至后烘干头部

(11)其他未烘干区域用毛巾包裹严实,眼睛周围顺毛烘干,其他区域逆毛烘干

(12)修剪足底毛,将贵宾犬脚部长毛剃至近位种子骨(趾骨的末端)处,足线要整齐

(13)耳朵前根部到眼角剃一直线,沿着这条线往下朝眼角方向剃。两内眼角之间可以剃成V形,嘴巴和下巴都要剃干净,唇线处要拉紧皮肤剃

(14)确定喉咙以下2~3cm处,从双耳后根部到这点连接起来构成V形,V形内侧的毛都剃干净,按左右对称直线剃十分重要

(15)第一个包毛处是从眼睛到耳朵的1/2处以及额头和头顶,用与犬毛长短一样的纸

(16)将犬毛裹起,按住毛根部打卷,然后将包毛卷对折一次

模块一 犬、猫的美容常识

 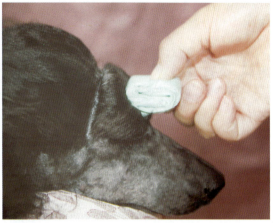

（17）再将毛折两折，形成一个大小合适的毛卷，用橡皮筋固定，不要勒得太紧

（18）第二个毛卷从上一毛卷界限处到耳根　　（19）第三个毛卷包两耳上的被毛，耳尖与被毛要用梳子分开

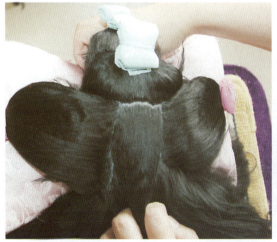 

（20）第四处包毛处是耳根后两点连一条直线，与头部包毛卷之间的部分

(21）沿着第四处毛卷向后，将被毛用针梳整齐划分出中间的部分，两边用毛夹固定

(22）颈后部根据犬只大小来决定需要包几个，并且平均分配数量

(23）护理结束的贵宾犬

图 1-6-22　长毛犬护理方法

相关知识链接

一、洗浴液的选择

犬的皮肤非常敏感，毛量多、通风差，因此易造成新陈代谢不畅。犬的体温比人类的体温要高，细菌繁殖更快，更容易得皮肤病。

保持被毛的酸性环境，就能保持毛发的色泽和健康。含碱的洗液pH高，洗净力强，但是对皮肤的破坏也大。可在去除顽固污垢时使用碱性洗液，此时可以用中和洗液碱性的护发素进行保护。

现今没有对所有毛发都适合的万能洗毛液（全犬种用）或者润丝洗毛液，要在各种不同洗毛液之间选择出最适合本犬种被毛和毛色的洗毛液。犬的皮肤和被毛的亲和力是最重要的，可以先试用后再决定长期使用。通过洗涤效果的实验，选择符合犬毛色的洗毛液，确定洗毛液的浓度。但要注意，给犬使用的洗毛液既要能保持皮肤的油性又要能除掉螨虫，不要多次使用强力的洗毛液。

二、润丝的目的

（1）润丝的第一目的是要消除香波具有的碱性。

（2）要使毛发有柔软感。马尔济斯犬和贵宾犬的长毛要用梳子梳通，如果润丝精的效果不好，会出现断毛和毛粘连。用过润丝精后的毛发的外观和手感好，让犬毛看起来松软、润滑。梳毛和分毛都很流畅，没有一绺一撮的感觉。

（3）润丝精一般都会有防静电剂、柔软剂、保湿剂，并能保护皮肤的油性和水性。使用后还能防止被毛的静电反应，如贵宾犬有着厚厚的被毛，在梳理时会因静电而被毛乱飞而缠结，而使用适量的润丝精即可避免静电现象。

（4）要适量使用，依据犬的毛质、毛量、毛长而定，效果也不尽相同，专业的护理人员应反复实践、测试而确定用量。

三、护毛素对被毛的作用

为了使受损的毛发恢复健康，洗毛液、润丝精、护毛素都可以用，护毛素内含有大量油脂成分。但是，油脂对皮肤的保护总是一时的，换不来健康的被毛，油并不被吸收，而是附着在被毛表面。护毛素中的油脂成分吸收需要10min，对浓度的要求也很高。护毛素的产品种类很多，效果也各不相同。先用洗毛液洗净犬只，再用润丝精或护毛素护理被毛，最后用定型润丝定型，使毛处于最佳状态。

复习与思考

1. 如何选择及合理使用洗毛液？
2. 长毛犬被毛烘干时需要注意什么？
3. 使用护毛素与润丝精的作用有哪些？
4. 简述长毛犬包毛的过程及注意事项。

项目七 猫的基础美容

任务一 猫的被毛梳理与清洁

内容提要

选择合适的梳理工具，正确地梳理猫的被毛，同时掌握梳理的方法与技巧；为了保障猫的被毛清洁，根据猫的被毛特点选择合适的洗毛液，正确地进行洗浴和烘干。

操作步骤与图解

一、梳理与洗浴工具

（1）梳理长毛猫常用工具。刮刷、针刷和鬃刷，密齿和宽齿梳子。
（2）梳理短毛猫常用工具。密齿梳子、软猪鬃刷、橡胶刷、油鞣革巾等。
（3）洗浴工具。浴盆、美容台、洗毛液、吸水毛巾、吹风机、梳子。

二、梳理的操作步骤

（一）长毛猫梳理方法

（1）用稀齿梳子清除皮屑，梳理缠结的毛，一旦梳子顺畅地梳通毛，就改用密齿梳子进行梳理。
（2）用钢丝刷清除掉所有脱落的毛，要特别认真地梳理臀部，在这个部位很可能会梳掉一大把毛。
（3）往毛里洒些爽身粉或漂白粉，这样可使被毛蓬松，增加丰满感，而且有助于将被毛分开，不要立即将粉刷掉。
（4）用密齿梳子向上梳毛，把颈部周围脱落的毛梳掉，以便形成颈毛。
（5）用一把牙刷轻刷猫脸部的短毛，当心别靠猫眼太近。
（6）最后，用稀齿梳子重复第四个步骤，以便使毛分开，并有助于使毛竖起来。对于将要参加展览的猫，用修饰刷使尾部的毛蓬松光滑。

（二）短毛猫梳理方法

（1）用一把钢丝刷或金属密齿梳，顺着毛由头部向尾部往下梳。梳理时找找看有无黑色发亮的小粒，有可能是跳蚤。

（2）用一把橡皮刷子，沿着毛的方向刷。如果是卷毛猫，这种刷子必不可少，因为不会抓破表皮。

（3）梳刷完以后，搽上一些月桂油促进剂，可以清除毛上的油脂，使毛色光亮。

（4）最后，为了使短毛猫的毛显出光泽，尤其是马上要参加展览之前，用一块绸子、丝绒或麂皮把被毛"磨亮"。也可用干净的手顺着毛的方向轻轻按摩，也能保持毛的光泽。

猫的被毛刷理方法如图1-7-1所示。

 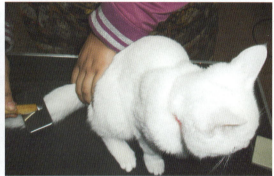

图1-7-1 猫的被毛刷理方法

三、猫的洗澡方法与步骤

猫的洗澡方法如图1-7-2所示。

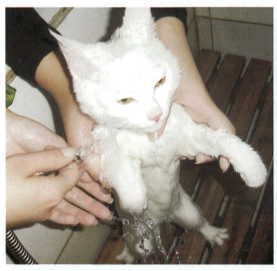 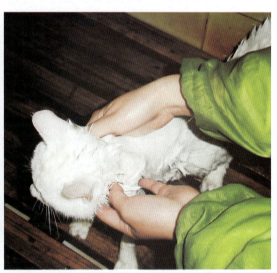

（1）洗澡前，用脱脂棉球将猫的耳朵塞上，防止水进入耳道。调节水温，使其温度为35～40℃。从背部向前冲淋，最后冲洗头部

（2）按照臀、背、胸、颈、头的顺序抹上洗毛液，用指尖轻轻搓洗，等起泡后，再细心地洗肛门、爪。按颈、胸、尾、头的顺序冲洗掉泡沫

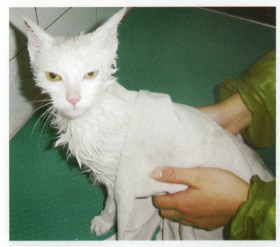 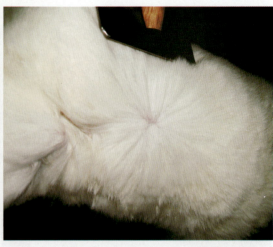

(3) 洗净后，用吸水毛巾包好，吸干水分，将猫放在暖和的地方等待烘干

(4) 用吹风机将猫的被毛吹干，当心烫到猫的皮肤。一边吹，一边轻轻地梳理和刷理被毛，直至全干

图1-7-2　猫的洗澡方法

（一）擦洗

长毛猫要经常洗澡以保养长毛；短毛的品种没有必要频繁洗澡，可以用湿毛巾擦一擦就行了。擦洗可以参照以下的方法：

(1) 两手用热水或冷水沾湿，先从猫的头部逆着毛抚摸2～3次，然后顺着毛按摩它的头部、背部、两肋、腹部，就可以把附着的污垢和脱落的毛清除掉。也可以选用宠物商店出售的免洗香波，取少量放入手中，在猫的皮毛上涂抹揉搓。

(2) 擦遍全身后，快速仔细地用毛巾将猫身上的水分擦掉，以免猫受凉感冒。注意保暖，最好是在家里温暖的地方进行，冬天要在有暖气的屋里为其擦拭。

(3) 用干净的毛刷轻轻刷拭猫的全身皮毛，特别脏的地方更要细心刷拭。平常猫不喜欢人碰的腹部和脚爪也要认真刷拭。

(4) 用纸巾或毛巾将猫身上的污垢和水分仔细擦干净后，再用吹风机吹干。如果猫讨厌吹风机，可以把猫装在笼子里远远地对它吹暖风。

(5) 等猫的毛完全干燥以后，从头到尾再刷拭一遍，别忘了胸部和腹部。刷完后，把毛刷清洗干净。

（二）水洗

(1) 洗澡前，用脱脂棉球将猫的耳朵塞上，防止水进入耳道。调节水温，其温度为35～40℃。从背部开始依次冲淋，最后冲洗头部。

(2) 按照颈、胸、头的顺序抹上洗毛液，用指尖轻轻搓洗，等起泡后，再细心地洗屁股、爪子。按颈、胸、尾、头的顺序用淋浴器清洗干净泡沫。

(3) 洗净后，把猫从洗涤盆中提出来，用吸水毛巾包好，再用棉球蘸温水给猫洗脸，并将猫放在暖和的地方。

(4) 如果猫不害怕吹风机，可以用来给猫吹干，注意不要把毛烤焦。毛吹干后，轻轻地进行梳理和刷毛。

四、梳洗时的注意事项

(1) 梳理被毛，不但可以增进人与猫之间的感情，而且有利于猫的健康。梳理被毛还能促进皮肤的血液循环，有利于被毛的生长和增加皮毛的光泽，起到保健作用。

(2) 平时猫身上总会有少量的被毛脱落，尤其在换毛季节，脱毛更多。猫在舔梳被毛时，或多或少地会将这些脱落的毛吞进胃内，而引起毛球病，造成猫的消化不良，影响猫的生长发育。经常给猫梳理，就可以把脱落的毛及时清除掉，防止毛球病发生。

(3) 给猫梳理被毛要从小开始，并定期进行，使猫养成习惯。6月龄以内的小猫很容易得病，一般不要洗澡，猫的精神状况不佳时也不要洗澡，以免洗澡后因感冒加重病情。对长毛猫，洗澡前要先梳理几遍被毛，以清除脱落的被毛，防止洗澡时造成缠结，以致要花更多时间进行整理。

(4) 给猫洗澡前应把所有的门窗关好，以防猫逃跑。洗澡最好用木盆，如果没有木盆，用其他盆时，可在盆内铺一个胶皮垫，猫能站在上面不滑动。猫由于害怕而无法洗澡时，可把猫放入袋子里浸入水中，主人可在外面用手揉猫的被毛，最后再用清水冲洗被毛。

(5) 洗澡时要尽量防止水进入耳内，一旦发现有水进入耳朵时，就应用脱脂棉球擦干。为避免眼睛受刺激，可将眼药挤入眼内少许，有预防和保护眼睛的作用。

(6) 猫的洗澡次数不宜太多，一般以每月2～3次为宜。猫皮肤和被毛的弹性、光泽都由皮肤分泌的皮脂来维持，如果洗澡次数太多，皮脂大量丧失，则被毛就会变得粗糙、脆而无光泽、易断裂，皮肤弹性降低，甚至会诱发皮肤干裂等，影响猫的美观。白色猫需要洗澡的次数比其他有色的猫多些。

五、烘干

（一）柜式烘干

(1) 将擦干后的猫放入烘干箱中，10min后将猫移开，用梳子梳理一遍，如果猫的毛发仍然有没干透的地方，将猫重新放回烘干箱中，再吹10min。

(2) 用软毛刷梳理腿部的毛发。

(3) 重复上述动作直到毛发干透。

（二）立式吹风机吹干

(1) 用吹风机吹干后，用梳子梳理一遍，清除所有的毛结和脱落的毛发。

(2) 用软刷梳理腿部的毛发。

(3) 注意猫的皮肤比狗的皮肤更薄、更敏感，所以要特别小心，不要让刷子刮伤了皮肤。

相关知识链接

一、猫的皮肤和被毛的形态与结构

皮肤和被毛是猫的一道坚固的屏障，能防止体内水分的丢失，能抵御某些机械性的损伤，保护机体免受伤害。在冬天，皮肤及被毛具有良好的保温性能，使猫具有较强的御寒能力。在夏天,被毛又是一个大的散热器,起到降低体温的作用。

猫的皮肤是松软而富有弹性的,根据区域的不同,它的厚度为0.4～2mm,一只重2kg的猫有0.15m^{2}体表面积,一只重6kg的猫有0.3m^{2}的体表面积。表皮柔不透水,是可抗外力的外皮。真皮是一个松散的连接组织,其特征是丰富的血管化的脂肪细胞。脂肪作为绝热体可储存能量。脂肪腺同毛囊相联系,它能分泌必要的脂肪物质,并且与皮肤膜的形成有关。汗腺有两种类型,一是内分泌腺,开口于毛囊中;二是外分泌腺,开口于皮肤。

猫毛从皮肤毛囊内生长出来,毛囊呈细长袋状。猫毛囊有两种,一种是只长一根毛的孤立毛囊,另一种是长有多根毛的复合毛囊。猫毛囊以复合毛囊为主,因此,猫的被毛很稠密,每平方毫米大约200根。猫皮肤里还有皮脂腺和汗腺。皮脂腺的分泌物呈油状,能使被毛变得光亮、顺滑。猫汗腺不发达,猫是通过皮肤辐射散热或呼吸散热的。猫皮肤里有许多能感受内外环境变化的感受器。感受器能感受一种或数种刺激,如冷、热、触觉、痛觉等。

猫的毛色色系多样。因猫的品种不同,其毛色标准各不相同。以长毛猫中的代表波斯猫为例,其养猫协会认可的毛色就达88种;而美国短毛猫被认可的毛色也达35种之多。尽管猫品种众多,毛色多种多样,但它们主要分为八色系,即单色系、斑纹色系、点缀式斑纹色系、混合毛色系、浸渍毛色系、烟色系、复色毛色系、斑点色系。

二、被毛的保养

要保持猫的被毛光亮,应注意提供全面的营养,保持清洁卫生,并根据季节的不同提供合理的保养。

1.合理的喂养　合理的膳食是猫被毛是否光亮、身体是否健康的关键,同时有助于机体防御疾病。猫饲料应该含有均衡的糖类、蛋白质、脂肪、维生素和矿物质等营养成分。提供高品质猫粮能满足这些要求,也可以根据猫的年龄、胖瘦、运动量等,在家里自配猫饲粮。

幼猫比成年猫需要更多的能量和必需的营养物质。所喂食物的数量和质量一样重要,尤其在断乳后。鸡蛋、牛乳、瘦肉及乳酪是幼猫很合适的粮食,因为这些食物味美可口,易消化而且富含高品质蛋白质,应尽量少喂含糖分和盐分的食物。在快速生长期,富含纤维素的食物是不太合适的,它们不利于猫被毛的生长。如果给猫提供商品粮,应选择专为幼猫配制的,或者在成猫粮外再添加上面提到的富含蛋白质的食物。随着蛋白质的增加,猫的被毛也会增加一定的光泽度。

不要给猫喂食过多,因为这会导致猫发胖,使猫皮脂腺分泌过剩,引起脱毛。应该给生长期的猫每周称一次体重,制作出生长曲线图,再与该品种标准的体重增长曲线图做比较。在猫的生长阶段要进行运动非常重要。

要给猫提供新鲜的饮用水,因为增加饮水量可提高猫被毛的柔韧性。两餐之间不要喂零食,除非偶尔以零食作为对它的奖赏。

2.保持清洁卫生,定期洗澡

三、猫的分类

世界各地的猫,虽然毛色多种多样,但其身体大小和形态并没有很大差异。因此很难有统一的分类法，通常的分类方法有以下几种。

（1）按生活环境分类，猫有家猫与野猫之分。经人类驯化饲养的猫称为家猫，而生活在山林、沙漠、沟壑、荒野的未经人类驯化饲养的猫称为野猫。

（2）按地域分，猫有欧洲家猫和亚洲家猫之分。欧洲家猫起源于非洲山猫，亚洲家猫则由印度的沙漠猫驯化而成。

（3）按外部形态分，猫分为长毛狮子猫、虎子猫、豹猫和袖猫。

（4）按用途分，猫分为捕鼠猫、玩赏猫、皮用猫、肉用猫、表演猫、实验用猫。

捕鼠猫中以豹猫最为理想。豹猫形似豹，体形较小，被毛短，行动敏捷，极善捕鼠。豹猫的毛色可分为白、黄、黑、红、灰、蓝等，但大多为黑褐色。

玩赏猫中的长毛类以波斯猫为代表，这类猫毛长而密，质地如棉、轻如丝，色彩艳丽，光彩华贵。波斯猫在玩赏猫中占有很大比例。玩赏猫中的短毛类品种繁多、千姿百态、各具千秋，如泰国的暹罗猫、埃塞俄比亚的阿比西尼亚猫均属此类。玩赏猫中还有一类是以奇特形态著称的猫，如全身无毛的斯芬克斯猫、曼岛无尾猫、苏格兰弯耳猫等。

复习与思考

1. 如何在清洗操作过程中保定好猫？
2. 在长毛猫的被毛梳理过程中，梳理被毛的技巧是什么？
3. 给猫洗澡的方法有哪几种？操作要点是什么？
4. 如何维持猫的皮毛健康？

任务二　猫的趾甲修剪，眼、耳清洁

内容提要

掌握猫眼睛、耳朵的清洁与护理方法，能保护口腔与牙齿，进行修剪趾甲等健康护理。使用趾甲剪、止血粉、洗眼水、洗耳水、脱脂棉或棉签、拔耳毛钳、宠物用牙膏、牙刷等。

操作步骤与图解

一、修剪趾甲的方法与图解

（1）首先把猫放到膝盖上，从后面抱住。轻轻挤压趾甲根后面的脚掌，趾甲便会伸出来。

（2）用锋利的趾甲剪剪去白色的脚爪尖，小心不要剪到脚爪下的肉（图1-7-3）。

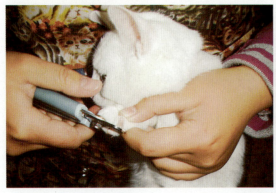 

图1-7-3 趾甲的修剪方法

二、耳朵的清洁

（1）检查耳朵，看看有无发炎的迹象。

（2）用蘸上婴儿油的棉球将耳内的污垢擦干净。应以转圈的方式用棉球为猫清洗耳朵，绝不可以将棉签伸入耳中心。擦拭时需要一人保定猫的头部，防止在操作的过程中猫的头部摆动时伤到耳朵，另一人用一只手将猫的耳郭翻开，另一只手用棉球擦拭。动作要轻，先外后内，给猫以舒适感。如果猫习惯了，不需要他人保定，一人便可完成操作，让猫侧躺在操作台上，一只手保定，另一只手操作即可（图1-7-4）。

（3）如果长毛猫的耳道内的耳毛过长，会黏有耳道分泌物及灰尘，阻塞耳道影响猫的听力，污物积存过多甚至会引发中耳炎。可将过多的耳毛拔除，操作的方法是：首先将猫保定，将耳粉适量倒入猫的耳内，轻揉，待耳粉分布均匀后，用止血钳夹住少量的毛用力快速拔出，先拔除靠近外侧的耳毛，再向内拔，给猫一个适应的过程。这种操作最好一次性完成，可减少猫的紧张感与疼痛感。

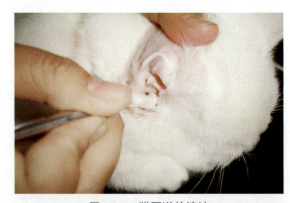

图1-7-4 猫耳道的清洁

三、清洁眼睛

（1）一只健康的猫，并不需要太注意它的眼睛。如果发现眼睛有分泌物，就应用棉球蘸水清洗干净（图1-7-5）。

（2）轻轻地用棉球擦洗眼睛的周围部分，不可用同一棉球清洗两只眼睛，以免传染。小心不要碰到猫的眼球。

（3）用棉球或纸巾抹干眼睛周围的毛。若是长毛猫要为它擦去眼角的污渍。

图1-7-5 猫眼的清洁

四、操作时的注意事项

（1）不要忘记剪"拇指"，在前腿的内侧。有的猫在两只脚上分别有6～7个脚趾。只要剪尖端的趾甲，一般是白色的，避免剪到粉红色的部分，趾甲根处呈粉色的部分有血管通过，所以不要剪到血管，以防出血。如果出血，可用止血粉止血。

（2）当猫放松的时候是剪趾甲最佳时机，比如小猫睡醒后。最好的方式是让操作者的两只手都参与剪趾甲的过程，一只手用来抓住猫并让它安静，另一只手给它剪。动作要快，如果猫在修剪的过程中表现得烦躁不安时，就放它走，即使没剪完也先停下，可以等它安静后再继续剪。或者边陪它玩耍边剪，并给予奖励，这样它就会对剪趾甲产生好感。

（3）猫的趾甲要人为修剪，前爪每两周修剪1次，后爪3～4周修剪1次，要用猫专用的趾甲钳进行修剪。最好在洗澡前给猫剪趾甲，不要让小猫玩梳子和刷子，以免被它抓坏。

（4）猫耳朵、眼睛的结构十分精细、脆弱，必须非常小心地处理。

（5）不能随便剪掉猫的胡须，但是对于折断的胡须可以将它拔除。拔的时候，用一只手托着猫的下颌，并用手指按住应拔的胡须，然后另外一只手的拇指和食指快速把它拔除。下颌的毛，在猫吃食的时候很容易受到污染，特别是食用流食时，如果不注意清理，干燥后易形成结痂样的块状物，既影响美观，又易滋生细菌，出现这种情况时，应当使用脱脂棉蘸水进行擦洗。

（6）在跳蚤很多的时候也要隔2～3d洒一次除蚤水，不能每天都洒。但是不论内服还是外用，猫都有可能不适应，所以要先咨询再使用。

相关知识链接

一、猫的趾爪特点

猫前脚有脚趾五个，后脚有脚趾四个。每只脚掌下生有很厚的肉垫；每个脚趾下又生有小的趾垫，每个脚趾上长有锋利的三角形尖爪。尖爪平时蜷缩在趾球套及趾毛中，只有在摄取食物、捕捉猎物、搏斗、攀爬时才伸出来。猫足趾下厚厚的肉垫起着极好的缓冲作用，它能使猫行走时悄然无声，便于袭击和捕捉猎物，这也是猫成为捕鼠能手不可缺少的条件之一。厚厚的肉垫还能使猫从高空中跌落下时免受震动和冲击造成的损伤，这也是猫无论从高处跳下还是从高空中跌落均不会受伤的原因之一。

猫的趾爪十分锋利且生长很快，尤其是前爪，具有捕捉猎物、配合利齿撕碎食物、与敌人搏斗以及攀登树木、墙壁和其他物体的功能，尤其在捕获猎物和搏斗时锋芒锐利。锋利的爪子配合强健的四肢，使猫有极强的攀登能力。为了保持爪的锋利，防止爪过长影响行走和刺伤肉垫，猫都有磨爪的习惯，这是猫的一种生理需要。为了满足这种需要，家庭养猫应给猫准备一块专门磨爪的木块或木棒，并从小训练猫在上面磨爪，这样它就不会养成抓挠沙发和家具的坏习惯。

此外，猫的足爪尚具有试探温度、拍打玩耍等作用。

二、猫的五种感觉

1. 眼睛和视觉 猫的视觉特别敏锐，夜间也能清晰地分辨物体，所以猫在夜间进行觅食、交配等活动。猫的眼睛能按照光线强弱的程度灵敏地调节瞳孔大小。猫的眼睛颜色变化多端，有黄色（从浅黄到深黄不一）、蓝色、琥珀色、紫铜色、绿色、浅棕色等。猫眼睛颜色因品种不同而异，但同一品种中不同个体的猫对色素的摄取和储存能力也不一样。不同的色素沉积于各种猫的眼底视网膜上，使得它们的视网膜颜色各异。人们透过角膜能直接看到猫眼底视网膜上的这些颜色。由于不同品种或不同个体的猫在视网膜上的色素沉积与在皮肤毛囊内的色素沉积有一定的相关性，因此，猫眼睛颜色与猫被毛的颜色之间也有一定关联。在评定猫眼睛的颜色时，除注意颜色的种类外，以眼睛的颜色越纯、越深且两眼颜色越均匀越好。

2. 听觉 猫的听觉十分灵敏，猫能听到 30～50 000Hz 的声音。猫对声音的定位功能也强，两只耳朵像雷达，可以随意转动。此外，猫内耳的平衡功能强，无论是乘坐车、船还是飞机，极少见到猫有因晕车、晕船而发生呕吐的现象。

3. 嗅觉 猫的嗅觉比较灵敏，可利用其灵敏的嗅觉来判断食物的存放方位、区别食物的性质；还可嗅出数百米之外的异性猫散发出的气味，并能依此气味追寻、相互联系。母猫靠嗅觉来辨认自己的幼崽，而仔猫生下后的第一件事就是靠嗅觉寻找母猫的乳头。

4. 味觉 猫舌头表面很粗糙，是因为猫舌头表面由黏膜覆盖，黏膜隆起、形成很多独特的乳头状突起，而这些乳头状突起都具有其特殊的生理功能。舌中间有一条纵向浅沟，舌腔面及外侧缘光滑，质地也很柔软。猫的味觉也较敏感，不仅能感知咸、酸、苦、辣味，能选择适合于自己口味的食物，还能尝出水的味道，这一点是其他动物所不及的；但猫对甜味并不敏感，因此猫的味觉并不十分完善。

5. 触觉 猫的胡须是猫的一种特殊感觉器官，具有特殊功能，如分布在眼睑、额部、面部等处的刚毛具有极灵敏的触觉功能。胡须根部有极细的神经，稍稍触及物体就能感知到。因此有人把它比作蜗牛的触角，有雷达般的作用。当猫在黑暗处或狭窄的道路上走动时，猫会微微地抽动胡须，借以探测道路的宽窄，便于准确无误地通过。

复习与思考

1. 如何在修剪指甲操作过程中保定好猫？
2. 如何修剪猫的指甲？修剪指甲的意义有哪些？
3. 给猫清洁眼睛时的操作要点是什么？
4. 如何防止猫的耳螨疾病？如何处理？

项目八 宠物店的经营与管理

内容提要

宠物美容业的发展也反映在学习人数的增长上，近些年学习美容的人员数量不断地增长，其中包括宠物爱好者、养宠物的人士、学校的在校生、犬的训练者和犬舍的管理者。最近几年，宠物美容业开始成熟，职业美容师和美容院成了城市中不可分割的一部分，拥有宠物的大众越来越意识到宠物美容的重要性。

职业美容师应当具有丰富的美容技巧，而且其行为要职业化。职业美容师必须经过与人的发型师同样的训练和职业教育（或培训）。许多职业美容师的目标是拥有自己的美容店，通常进行较低的投资即可进入这一行业。所以宠物美容业非常具有吸引力，也容易就业与创业。许多职业美容师都拥有自己的美容店。但宠物美容店的经营与管理是一门重要的学问，同时要有经营技巧。

一、地址选择

一旦美容师掌握了美容技术，那么开办美容店的下一个重大决策就是选择好位置。因为宠物主人喜欢惠顾那些开在城镇中位置优越的美容店铺，特别是交通便利和有停车场的美容店。

选择地址时另一个要考虑的重要因素就是竞争。如果在某个地区已经有一家犬美容店，特别是这家美容店声誉还不错时，新的美容店的位置最好选在离该美容店远一些的位置。如果该店生意不是很好，就得分析原因，是位置不好造成的还是对方经营不善造成的。理想的位置当然是没有竞争对手或竞争对手比较差的地方。选择开店的时间也相当重要，如果选择了最为有利的位置与时机，无论在哪里开店都会在这一行业占据一席之地。

二、美容店的设计和运行

开美容店时要考虑三个因素：一是美容店的结构设计；二是可能获得最大产值的运作方式；三是管理的商业终端。这些因素是相互联系的，在很多情况下是重叠的。下面进行分解介绍。

（一）美容店的结构设计

1. 内部装饰　选好位置后，要进行装修，因为装修的效果直接影响到美容店是否吸引顾客，是否让人动心。靓丽的室内装饰能使环境幽雅明亮，给顾客留下满意的印象。室内装饰应以亮色为主，因为美容店应该越亮越好；不要选择深颜色，深颜色容易使人产生黯然、消沉的心情，同时也产生比实际空间小的感觉。如果还要进一步装饰的话，应该用一些颜色柔和的窗帘，如淡蓝色、玫瑰花蕾色、带条纹的粉色或其他个人喜欢的颜色；甚至可以大胆选择一些带有野性的东西装饰墙，以体现室内的温馨与个性。如果个人比较传统，宁愿选择一些简单的装饰，应坚持用纯白或天蓝色调。另外，可以在墙上装饰一些多彩的装饰品，也可悬挂一些动物的画，给人妙趣横生的感觉。

理想的装饰设计应该使用不需要经常粉刷的材料。例如，使用持久的乳胶漆，脏了可用布擦即可；墙纸也是比较好的选择，因其花样多，且有温馨感，光线打在上面柔和，可以随意搭配，比涂料更容易维持且使用寿命更长；另外也可用嵌镶板墙来装饰。地板最好选用瓷砖，容易打扫、清毒。

2. 外部装饰　外部装饰同内部装饰一样重要。有一种吸引人的外部装饰就是刷成红白条纹色。橱窗也是外部装饰重要的一部分，窗户上一个写有美容店名字的标记将会更吸引人。橱窗的展示不仅应该好看，还要新颖、独一无二。橱窗里放置一些经过完美美容的犬只总是最吸引人的，而且这也是对美容技艺最直接的展现方式。

3. 接待室　最好用墙或其他分割物将接待室与其他工作区分开。接待室应该是顾客带他们的犬来美容时休息的地方。同时这也是美容店里最吸引人的地方。房间里可以放置一些吸引人的摆设，桌上面放一些关于犬的杂志或书籍。顾客可以在等待他们的犬时在此休息。如果再在休息区内增加展览柜台，放置一些有品位的装饰物，但这些物品必须针对顾客的喜好，这样就可以获得另一项经济来源。也可以在接待室里装饰一些小型犬和幼犬的照片，或一些美容作品的照片及认为顾客会喜欢的东西，效果会更好。这些容易让顾客打发时间，不会让人感觉等待是一种令人不愉悦的事情，也最容易让人留下印象。

在接待室放一份醒目的价目表是必要的，这样就不会因价格问题与顾客发生争执。不同大小类型的犬的价格应标写清楚，如果有额外的要求，如药浴、除扁虱、解毛结及其他服务也应该标明价格。犬的造型修剪也应标明主要修剪类型的价目表，这样顾客就只需要指出他们要什么样的修剪类型就可以了。

4. 工作区　工作区应同接待室一样完美。布置工作区时，把所有要用的工具放在手边，以保证最大的工作效率。分区时应把工作区分得越宽敞越好，便于操作。

（二）内部设施的摆放

1. 美容桌和工具箱　美容桌应摆放在房间里最明亮的地方，最好靠近窗户或在灯光下。在靠近美容桌的墙上挂一个工具箱，里面放上美容所需要的工具，以便随时取放。美容桌应该是房间里最核心的摆设，最理想的桌子是在下面安装一个托盘，可以摆放经常用的工具和其他东西。

2. 笼子　把笼子安排在靠近桌子的墙边。笼子同其他东西一样，应按最大的利用效率来摆放。笼子要有不同的大小，以放置不同大小的犬。犬美容店也可以专门分出一间房间放置犬笼。

3. 浴缸 安装浴缸时，应考虑美容师的身高，一般安装在美容师腰的高度是最舒服的。把洗澡材料放在浴缸下面或上面的置物台上，方便拿取，可以提高工作效率及节省空间。工作间的其他地方要留有发展空间，因为随着事业的壮大，可能还要雇佣一些助手或增加美容设备。

4. 电力 美容店的电力系统要好，因为用电在美容店中有很重要作用，要用电来提供照明、带动电剪、吹风机、烘干箱等。在炎热的夏天和寒冷的冬天，还得用电来带动空调。所以要对电力系统进行规划，使其能承受足够的动力，做到合理使用、安全使用。

（三）美容店的经营

如果要获得最大的利润，对美容店的商业运作要有一个合适的运作计划。提高工作效率的方法是建立一个"组合生产线"。例如，如果每天美容六只犬，用什么样的方法才最有效率？最简单的方法是做完一只再做另一只，但实际上这是最没效率的方法。下面介绍一种高效、高质量地完成美容工作的方法：

（1）刷梳先到的犬，梳理完后洗澡，洗好后放到烘干箱里等待半干，这个过程需要5～10min。

（2）在等待第一只犬烘干的时间内，给第二只犬梳毛、洗澡。当第二只犬洗完澡放到烘干箱里时，第一只犬可以吹风了。第一只犬吹好时，第二只也可以吹了。这样依次清洗第三只、第四只犬。

（3）再从第一只犬开始循环，完成剩下的其他清洁与修剪美容项目（按品种不同）。最终先来的犬先完成。

（4）只有当某一顾客有特殊要求时才可以破例。

上述方法对于单独工作的美容师来说最有效率。当有一个或更多的帮手时，这一工作方式可以做一些改动。例如，有一个美容师助理做基础工作，美容师自己就可以一只一只地修剪6只犬，这样会大大提高工作效率。

（四）建立犬美容档案

为避免出错，要建立美容档案。美容卡是便于犬美容的识别物，上面写清犬的名字、种类、年龄、性别及主人的姓名、电话等内容，同时要有其美容的项目、美容要求及时间等。美容卡的信息随主人的信息一并存入档案。犬一来到店里，就要填写美容卡，填写后放在笼子旁。当美容开始时，美容卡同犬一块放到美容桌上，当工作结束时也要放到笼子里，防止出错。

（五）其他项目

美容店也可根据需要开设预约服务和接送服务。另外，还要有广告宣传意识。可以用电子霓虹灯、文字招牌、电子显示屏等宣传手段，一定要做得十分显眼，同时把电话号码写清楚。橱窗里可以放置完美美容后的犬照片。

（六）收费

美容收费要根据当地的经济条件和人们生活水平来设定。下面介绍一般小型城市的美容收费标准（表1-8-1）。

表1-8-1　小型城市不同类型犬的美容收费

工作项目	价　目		
	小型犬（根据毛的长短）	大型犬（根据毛的长短）	特大型犬（根据体重）
刷毛、洗澡	20～25	30～50	50～100
开毛结	20～30	30～50	50～100
药浴	20	30	50
除跳蚤和扁虱	25	35	60
被毛造型修剪	不同品种的犬的美容修剪价格为30～300元		
基础美容	10	15	25

注　以上是按照犬的大小不同而估计的价格，可根据实际情况调整收费。

复习与思考

1．在一处地段中选取一处美容店地址，谈谈它的可取之处。
2．对所选美容店进行内部布局规划，合理设置各种工作区域，并画出规划图。
3．设计一种或两种提高工作效率的最佳工作方案。
4．对美容店内装修发表见解与建议。

模块二
宠物服饰的设计与制作

项目一 服装缝纫基础知识

内容提要

在学习缝制服装之前,首先要识别各种裁剪、缝纫及其辅助工具,掌握各种工具的功能和使用技巧。为了发挥各种工具的最佳使用功效及使用寿命,必须掌握裁剪工具的清洁保养及简单故障的排除。

操作步骤与图解

一、服装裁剪与缝纫工具的识别

(一) 针具

1. 手缝针 手缝针的粗细、长短是用号数来区分的。号数小的手缝针,针杆长而粗;号数大的手缝针,针杆相对短而细。在手工操作中,可根据不同的面料选择不同针号的手缝针。如缝制棉布、化纤、涤纶等织物时,宜用8号、9号手缝针;锁眼、钉扣宜用4号、5号手缝针。

2. 机缝针 机缝针的粗细同样也用号数来区分。但是它与手缝针相反,号数越大,针杆越粗;号数越小,针杆越细。一般常用的有11号、14号和16号等。11号机缝针用于缝制丝绸类;14号机缝针一般用于缝制涤卡、薄花呢一类衣料。

(二) 顶针

顶针一般是用铁或铝等金属制成的,呈圆形,表面有疏密均匀的凹坑,戴在手指第三关节上。顶针可以起到协助手缝针穿过衣物(运针)而保护手指的作用,是手缝工艺中的重要工具。

(三) 剪刀

服装缝制过程中常用的剪刀有两种:一种是剪线头用的小纱剪,它的特点是刀身短、刀口小、使用轻便;另一种是裁剪服装面料时使用的裁剪剪刀,其特点是刀身长、刀口大,刀刃锋利,可以紧贴工作台裁剪,裁剪快速而准确。

(四) 测量尺

尺是量体和测量服装面料尺寸的重要工具,常用的尺有皮尺、米尺等。

1. 皮尺 皮尺又称软尺,由塑料制成,用于测量人体及服装成衣尺寸。皮尺有两种:一种尺的两面分别有寸和厘米刻度;另一种尺的两面分别有英寸和厘米刻度。

2.米尺 常见的米尺有木制、钢制、有机塑料等,其长度有30cm、60cm、100cm,一般为100cm,用于测量面料的长度与宽度。米尺是服装裁剪、制图中不可缺少的测量工具。

(五) 画粉
常用的画粉有两种:一种是由石粉制成的,颜色各异,适用于在各种服装面料上画线;另一种是用白色天然滑石割成片制成的,其优点是画线清晰,不易脱落。

(六) 锥子
锥子由圆木或塑料手柄与不锈钢锋利尖锥组成。用于挑领角、下摆角,锁定衣服的兜位及尖角位置等。不锈钢锥尖具有尖锐、坚硬、不锈、牢固等特点。

(七) 镊子
镊子两边对称、弥缝适度、弹性足、尖头光洁。一般分为铁制和不锈钢两种,用于翻领角、袋角,也是缝纫包缝机线的必备工具。

(八) 熨斗和熨台
熨斗和熨台是熨烫服装的主要工具。现在使用的蒸汽电熨斗一般有自动调温和喷水等功能,使用起来既方便又安全,同时大大提高了工作效率。

二、缝纫机的结构与功能

利用缝纫机缝制服装,不但速度快而且针迹整齐美观,缝制简便。因此,在高质量、快节奏的现代生活中,缝纫机已成为必不可少的缝纫工具。以一款家用电动缝纫机为例,介绍缝纫机的基本构造。

1.缝纫机各部位结构名称(图2-1-1)

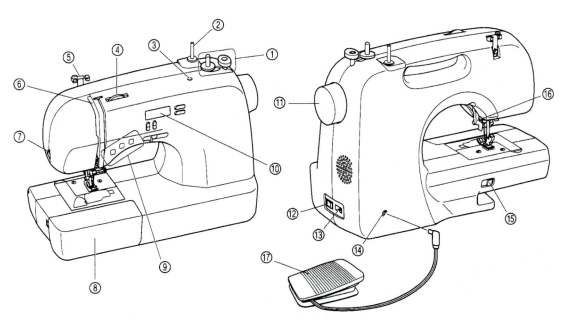

图2-1-1 缝纫机结构

①梭芯绕线器 ②线筒轴 ③备用线筒轴插孔 ④面线张力控制转盘 ⑤导线槽 ⑥挑线杆
⑦切线刀 ⑧带附件包的附加工作台 ⑨操作按钮 ⑩操作面板 ⑪手轮 ⑫主电源/缝制照明灯开关
⑬插口/插座接口 ⑭脚踏控制器插口/插座 ⑮推布齿条位置拨杆 ⑯压脚拨杆 ⑰脚踏控制器

2. 针和压脚部分（图2-1-2）

三、缝纫机的操作使用

（一）穿线

（1）用压脚拨杆抬起压脚。

（2）转动手轮（逆时针）使手轮上的标记朝上将针抬起，或按一下或两下针位置按钮（对于配有针位置按钮的型号）将针抬起。

（3）将线筒轴向上拉伸到底，然后将线筒套在该线筒轴上。

（4）沿着穿线路径依次穿（绕）导线器，必须从右向左将线穿过挑线杆。

（5）让线通过针上面的针杆导线槽。只要将线抓在左手，然后用右手喂线，就可很容易地将线穿过针杆导线槽。

（6）从前向后将线穿进针孔并拖出5cm（2英寸）左右的线头，防止机针抬起挑线杆后将线带出针孔。

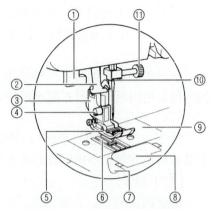

图2-1-2 缝纫机针和压脚部分

①纽孔拨杆 ②穿线器 ③压脚支架
④压脚支架螺丝 ⑤压脚 ⑥推布齿条
⑦快装梭芯（对于配有快装梭芯的型号）
⑧梭芯盖 ⑨针板盖 ⑩针杆导线槽
⑪针夹螺丝

（二）梭芯绕线

（1）将线筒轴向上拉伸到底，然后将线筒套在该线筒轴上。

（2）将线绕过预张力盘上。

（3）从梭芯内部向外将线头穿过梭芯孔。

（4）将梭芯放在梭芯绕线轴上，然后将该梭芯绕线轴滑向右侧。用手顺时针转动梭芯，直到绕线轴上的弹簧滑入梭芯上的槽内为止。

（5）打开缝纫机开关。

（6）轻踩脚踏控制器或按开始／停止按钮开始（对于配有该按钮的型号）。

（7）向右滑动缝制速度控制器，可使绕线的速度加快。

（8）当梭芯将满且开始缓慢旋转时，将脚从脚踏控制器上移开或按开始／停止按钮。

（9）剪断线头，将梭芯绕线轴滑向左侧，然后取下梭芯。

（10）将缝制速度控制器滑回到原始位置（对于配有缝制速度控制器的型号）。

（三）装梭芯

（1）逆时针转动手轮或按针位置按钮（对于配有针位置按钮的型号），将针抬到最高位置，然后抬起压脚拨杆。

（2）向右滑动梭芯盖按钮，打开盖子。

（3）装入梭芯并将线沿箭头方向拉出。

（4）抓住线头，用手指将梭芯按下，然后让线穿入槽内。必须将线正确穿入梭芯壳上的张力调节弹簧。

（5）重新盖上梭芯盖。将左侧突起部位放到位，然后轻轻按压右侧，直到听见咔嚓一声响，梭芯盖卡到位为止。

（四）操作过程

（1）接通电源，打开缝纫机主电源或照明灯开关。

（2）为要缝制布料选择合适的针迹，适当调整针迹长度和宽度。调整针迹宽度之后，缓慢逆时针转动手轮，检查针是否会碰到压脚。如果针碰到压脚，可能导致弯针或断针。

（3）安装合适于针迹的压脚。

（4）抬起压脚，将布料放在压脚下，将线拉出约5cm并拉向缝纫机后部，线在压脚下面穿过。左手抓住线头和布料，右手逆时针转动手轮，将针放低到针迹的起始点，开始缝制。

（5）当缝纫机打开时，选择直线针迹。

（6）慢慢踩在脚踏控制器上，可通过踩踏的力度来调节缝纫的速度；在配有缝制速度控制器的型号上，左右滑动缝制速度控制器调整缝制速度。

（7）缝制完成后，逆时针转动手轮，将针抬起，使手轮上的标记朝上。抬起压脚拨杆，将布料拉到缝纫机左侧，然后将线穿过切线刀或直接将线切断。

（五）使用注意事项

（1）在操作缝纫机时，请特别注意针的位置。此外，注意手不要接触任何移动的部分（如针和手轮），否则可能导致受伤。

（2）缝制时请勿用力拉推布料，否则可能导致受伤或断针。

（3）切勿使用弯曲的针。弯针很容易断裂并可能引起受伤。

（4）注意不要让针碰到绗缝针，否则可能导致弯针或断针。

（5）缝制时双手不要太用力，能配合缝纫机送布牙的速度即可；缝制过程中不要将手指太靠近运动着的机针，以防受伤。

四、电动缝纫机的保养方法

1. 清洁缝纫机表面 如果缝纫机表面变脏，将软布在中性洗涤剂中稍微浸一下，用力挤干，小心擦拭机器表面。用湿布清洁一遍后，再用干布擦拭。

2. 清洁梭芯盒 关闭缝纫机，拔出电源线插头，抬起针和压脚，松开压脚螺丝和针夹螺丝，卸下压脚支架和针。抓住针板盖两侧，向近前方向滑动，卸下针板盖。抓住梭芯盒，然后将其拉出。用清洁刷或真空清洁器清除走梭板及其周围区域的任何灰尘。插入梭芯盒时将机器上的▲标记对准梭芯盒上的●标记。将针板盖上的凸起插入到针板，然后将盖子滑回原来的位置。

3. 缝纫机常见的故障及原因（表2-1-1）

表2-1-1 缝纫机常见故障及原因

故障现象	原　因	故障现象	原　因
运转不顺畅	机油耗尽，梭壳上塞有线头、布屑	针脚不齐	面线与底线松紧不一致，压脚与衣料之间的压力不均匀
面线断线	面线太紧或面线的穿线方向错误	跳线	针头磨损，压脚的压力太弱
底线断线	底线太紧或底线缠绕在梭壳上	针脚皱缩	面线、底线绷太紧或送布牙太过突出

五、小型包缝机的结构与功能

包缝机是具有切齐缝料边缘，对缝料进行缝合及包覆，以防止缝料边缘脱散等功能的缝纫机。由于包缝线既具有良好的弹性，又能防止缝料边缘的脱散，因此在服装生产中被广泛用于缝料边缘的缝制，其特有的线迹结构特别适合于针织服装的缝制，是针织服装生产中应用最为广泛的设备之一。包缝机上带有切刀，在包缝前可以先切齐缝料的边缘，使包缝后的线迹整齐、美观。

包缝机从诞生发展到现在，经历了四个发展阶段，出现了四代产品，其种类非常繁多。根据包缝机所具有的线数不同，包缝机可分为单线包缝机、双线包缝机、三线包缝机、四线包缝机、五线包缝机和六线包缝机等。根据包缝机的缝纫速度不同，包缝机可分为中速包缝机、高速包缝机和超高速包缝机。根据包缝机机头形状可分为平台形包缝机、圆筒形包缝机等。为了适应不同品种及不同部位针织服装的缝制需要，可根据需要选择产品。

以四线包缝机为例，介绍其结构、功能及使用方法。四线包缝机是采用二根缝针和二个弯针相互配合，由于两个缝针和两个弯针都带有缝线，因此形成的是四线包缝线迹。与三线包缝线迹相比，四线包缝线迹增加了一根缝针线，从而使缝迹的牢度极大地提高，抗脱散能力增强，因此在目前高档针织服装生产中的应用越来越多。

（一）包缝机的结构（图2-1-3）

（二）包缝机的操作

（1）穿线时需要打开前盖舱，将前盖滑到右侧并打开，合上时只需将前盖滑到左侧即可关闭。为了安全起见，操作缝纫机时确保前盖已合上，打开前盖前请务必关闭缝纫机。按照机器上所标识的穿线路径将机器上所示四根线穿好。

（2）调节针迹的长度与宽度。

（3）接通电源，将主电源和照明灯开关打开。

（4）抬起压脚器，将布料放平，放下压脚器。

（5）当轻轻踩脚踏器时，机器以低速转动；继续踩脚踏控制器时，机器将增大速度；抬起脚踏控制器时，机器停止运转。开始缝制之前，请抬起压脚并将布料在压脚下放好，旋转手轮慢慢缝制几针，布料将被自动送入，确认针迹形状是否均匀。缝纫时如果线张力不均匀，则链缝会不均匀，略微将线拉出，确认穿线顺序并调整线张力，使其产生均匀的链式线迹。

（6）缝制完缝边时，保持缝纫机以低速运转以进行链缝。然后在离加工品5cm处将链缝剪开。如果链缝长度不足，请轻轻拉出线，防止下次缝制时掉线。

（三）保养与清洁

（1）清洁前关闭缝纫机，定期用附带的清洁刷清洁灰尘、修剪的布料以及机壳内的线头。

（2）使用缝纫机前请务必加机油。加机油前请务必清洁缝纫机上的毛绒。每个月加机油1~2次可保证正常使用。如果缝纫机使用更为频繁，可以每周加机油1次。

（3）更换照明灯泡之前，务必关闭主电源和照明灯开关并拔出电源线插头。更换照明灯泡时，如果主电源和照明灯开关处于打开状态，可能会导致触电。若缝纫机开着，万一踩上脚踏控制器，可能会引起受伤。为避免烫伤，更换照明灯泡时，要先让照明灯泡充分冷却。

模块二 宠物服饰的设计与制作

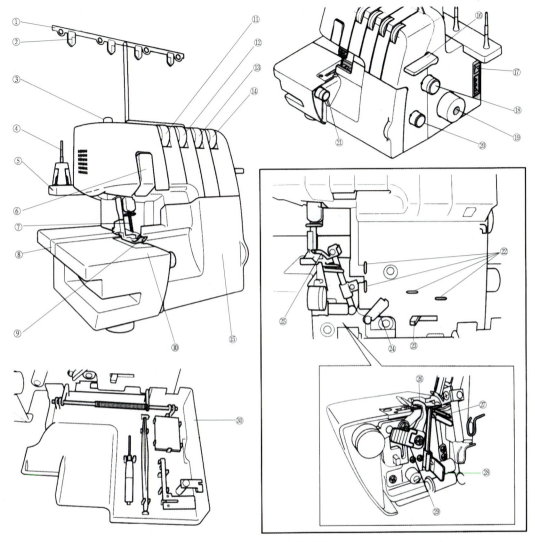

图 2-1-3 包缝机的结构

①线架 ②导线板 ③压脚压力调整螺丝 ④线筒轴 ⑤线筒架 ⑥挑线盖 ⑦针 ⑧扩展平台 ⑨压脚 ⑩布料板盖 ⑪左针线张力转盘 ⑫右针线张力转盘 ⑬上弯针线张力转盘 ⑭下弯针线张力转盘 ⑮前盖 ⑯压脚抬杆 ⑰主电源和照明开关 ⑱针迹长度调整转盘 ⑲手轮 ⑳差动送料比例调整转盘 ㉑针迹宽度转盘前盖内部 ㉒导线槽 ㉓下弯针穿线杆 ㉔弯针挑线杆 ㉕上弯针 ㉖上切刀 ㉗下弯针 ㉘针迹指针 ㉙切片杆 ㉚前盖舱

复习与思考

1. 正确使用缝纫剪刀。
2. 练习手工缝制布料与纽扣。
3. 熟记缝纫机与包缝机上的各部位名称、功能与使用技巧。
4. 熟练掌握穿缝纫机的面线与缠绕梭线的方法。
5. 能熟练更换机针。
6. 识别和使用其他缝制与裁剪工具。
7. 正确清洁与保养缝制工具。

项目二 服装材料的种类与选择

内容提要

认识和了解各种常见布料的质地、性质与作用。熟练区分各种材质的布料，根据宠物的生理特点的要求，了解宠物服饰布料的种类，挑选适合制作宠物服饰的面料与配料。

服装材料是构成服装的所有用料，包括服装面料、服装辅料、包装材料等原料。面料又称为衣料或布料，是服装的主料，指服装最外层的材料，由棉、麻、丝、毛、化纤织品组成。辅料是指除面料以外的所有用料，起辅助作用，包括里料、衬料、填充料、缝纫料、纽扣、拉链、花边、绳带等。服装包装材料包括胶袋、包装纸（包装卡或胶片）、胶纸或胶夹、包装袋等。常见的宠物服装材料多为纤维制品。

基础知识

一、纤维

人们常把长度比直径大千倍以上且只有一定的柔韧性的纤维物质统称为纤维。纤维的粗细、长短是决定面料手感的重要因素。粗的纤维给予布料硬、挺、粗的手感，且具有抗压缩的特性；细的纤维的布料有柔软、薄的手感。纤维越短，面料越粗糙，越容易起毛球，但具有粗犷之风格；纤维越长，纱线越光洁平整，越少起毛球。纤维的种类有：

1. **天然纤维** 指直接从自然界取得的纤维，有植物纤维和动物纤维之分，如棉、麻、毛、蚕丝。

2. **合成纤维** 指通过化学处理、压射抽丝的方法制丝取得的纤维，如腈纶、涤纶、尼龙等。

二、纱

纤维只有经过纺织才能成为服装面料，而第一个步骤是纺成纱。纱就是由纤维织成的具有一定强度、细度，并且可以加工成任意长度的材料，它是组成面料的基本单位。英制纱的细度表示法：指一磅（454g）重的棉纱在规定回潮率时，有几个840码（1码=0.941m）长，即为几英支纱，可简单读作"几支纱"，单位用"S"表示。S前面的数字越大表示纱越细，所织成的面料就越轻、越薄、越柔软；数字越小就表示纱越粗，所织成的面料就越重、越厚、越粗糙。

三、识别面料的结构

当纤维纺成纱后，便可以织成面料了。因为织布所使用的机器类型不同，所织出织物内部结构也有所不同。通常可分为梭织物和针织物两大类。

（一）梭织物

有两组或多组的纱线相互以直角交错而成，纱线呈现纵向者称为经纱，纱线横向来回者称为纬纱。由于梭织物纱线以垂直的方式互相交错，因此具有坚实、稳固、缩水率相对较低的特性。以下为几种常用的梭织面料介绍：

1. **弹性平布**　表面和底面的布纹一样，织布过程中加入拉架丝。由于布料另有拉架丝使成品弹性，更显出线条，较薄较挺，表面平滑，结实耐用。由于含棉成分多，洗后易皱，需熨烫，多应用在衬衣。

2. **色织格子布**　由多种色纱组成多色织布，不脱色，色彩变化繁多。如较长斜纹布，经纱数多于纬纱数，通常3：1的比例，形成斜面纹。特殊的布组织，令斜纹的立体感强烈，平纹细密且厚，光泽较佳，手感柔软，多应用在西裤的布料上。

3. **珠帆布**　表面和底面的布纹一样，成品较为挺括，全棉薄珠帆布较为易皱。

4. **牛仔布**　织法同斜纹布一样，但只有经纱染色。该布种类变化多，可适用于不同款式、耐洗、耐磨、耐用，较为硬挺。

5. **尼龙布**　表面和底面的布纹一样，人造纤维，耐用，易洗易干，布面呈毛状，保暖。在阳光下暴晒会引起脆化，用于风衣或外套面料。

6. **灯芯绒**　经特种织机织成，经抓毛处理。布面呈毛状，保暖。多应用于衬衣、西裤。

（二）针织物

经纱线以成圈的结构形成针圈，新的针圈再穿过先前的针圈，如此不断重复，即形成针织物。以下为几种常用的针织面料介绍：

1. **平纹布**　表面是低针，底面是高针，织法结实，较双面布薄、轻、透气、吸汗、弹性小，表面平滑，相对易皱及变形，多用于T恤。

2. **罗纹布**　布纹形成凹凸效果，比普通针织布更有弹性，适合于修身款式。

3. **双面布**　表面和底面的布纹一样，布的底面织法一样，比普通针织布细滑，富弹性及吸汗性，洗后容易起毛，多用于T恤。

4. **珠地布**　布表面呈疏孔状，有如蜂巢，比普通针织布更透气、干爽、耐洗。

5. **毛巾布**　底面如毛巾起圈（80%棉+20%聚酯纤维），保暖而柔软，观感及手感较为温热，多用于外套或T恤。

6. **卫衣布**　底面如毛巾起圈，棉纱线织纹，布面如毛巾布样，保暖、耐洗、柔软、吸汗、厚实，多用于运动服秋冬款。

7. **威化布**　布表面呈威化饼形状，立体感强，洗后较易变形。

8. **涤纶丝光双面布**　不含棉的成分，贴身，显出线条，不透气，容易钩线。

9. **布绒**　布身经抓毛后剪去表层呈起毛效果（80%棉+20%聚酯纤维），保暖、弹性好、可机洗、平滑、柔软、会起静电，多用于外套。

四、识别棉、毛、合成纤维等不同材料所制成的面料特性

（一）棉

这是最为广泛使用的服装纤维，其取自棉籽的纤维，经过采摘处理、轧棉、梳棉、拼条、精梳、粗纺、精纺成棉纱，再由棉纱织成棉布。

1. 优点 棉纤维是多孔性物质，吸湿性强；棉纤维是热的不良导体，其内腔充满了不流动的空气，保暖性好；穿着舒适，不会产生静电，透气性良好，防敏感，容易清洗。

2. 缺点 棉纤维弹性较差，易皱；缩水率大，在潮湿的状态下易霉变。棉纤维如长时间与日光接触，纤维强度降低，会变硬发脆；如遇氧化剂、漂白粉或具有氧化性的染料，也会使纤维强度下降，变硬发脆。脱衣后应迅速平整挂干，以减少皱褶。

3. 洗涤方式 可机洗、手洗，但因纤维的弹性较差，故洗涤时最好轻洗或不要用大力手洗，以免衣服变形，影响尺寸。棉织品最好用冷水洗，以保持原色泽；除白色棉织品外，其他颜色衫最好不要用含有漂白成分之洗涤剂或洗衣粉，以免造成脱色；更不可将洗衣粉直接倒在棉织品上，以免局部脱色。将深颜色衫与浅颜色衫分开洗。

4. 熨烫的要求 耐高温，可用高温200℃熨烫。

（二）毛（以羊毛为例）

毛是天然动物纤维，纤维由蛋白质构成，纤维外有如鳞片状的结构。不同羊毛的性质取决于其纤维粗细度及不同的鳞片结构。纤维越细及纤维表面越平滑，所织出的衣服手感就越好。

1. 优点 羊毛织物吸水性强，穿着非常舒适；保暖性好，耐用性好；有非常好的拉伸性及弹性恢复性，并具有特殊的毛鳞结构以及极好的弯曲性，因此羊毛织物也有很好的外观保持性。

2. 缺点 易毡化是羊毛独特且重要之特征，是由羊毛纤维表面的毛鳞造成的现象。当羊毛表面的毛鳞遇到机械力（振动摩擦以及压力等）、热和水等条件后，羊毛则往其根部下沉。羊毛下沉的同时，因毛鳞边缘相互勾住、纠缠，无法恢复至原来之长度尺寸，进而严重收缩。在极端条件下，羊毛可收缩至原来尺寸的一半，一般收缩80%为正常。羊毛容易被虫蛀，经常摩擦会起球。若长时间置于强光下会令其组织受损，且耐热性差。

3. 洗涤方法 羊毛不易脏，且很容易清洗干净。但最好不要每次穿着后即清洗，可用重点清洁的方式来清除污垢。并在每次穿着后，用软刷刷拭领口和袖口内部，不但可除去毛织品上灰尘，也可使毛织品恢复原有的膨松外观。羊毛服饰在每次穿着间应给予一段时间休息，较易保持外形。如羊毛服饰已变形，可挂在有热蒸汽处或喷一点水以增加其外形的恢复。不宜机洗，因羊毛遇外力后会加速其毡化；宜用30～40℃温水手洗；也不能漂洗，因为漂白后的毛织品会变黄。

4. 熨烫的要求 一般毛织物都无需熨烫，如有需要可用中温蒸汽熨烫。

（三）合成纤维

合成纤维由高分子化合物制成，包括黏胶织物、涤纶（聚酯纤维）织物和其他化纤织物。常见黏胶织物有美丽绸、富春纺、羽纱等，一般用于服装里料。常见涤纶织物有涤纶纱绢、涤丝绸、涤弹华达呢、涤纶仿毛华达呢、毛涤华达呢、涤棉府绸、涤卡。其他化纤纤维织物有锦纶塔夫绸、尼龙绸等，用于服装里料。

1. 优点 强度大、耐磨性强、弹性好，耐热性也较强。

2. 缺点 分子间缺少亲水结构，因此吸湿性极差，透气性也差。由合成纤维纺织成的面料穿在身上会发闷、不透气。由于纤维表面光滑，互相之间的抱合力变差，因此摩擦之处易起毛、结球。

（四）麻织物

麻织物的纤维强度高，吸湿性好且干燥速度快，其服装干爽吸汗，穿着舒服；麻织物耐水泡、耐腐蚀、不易霉烂、不易虫蛀，是理想的夏季衣料。

（五）丝织物

（1）桑丝织物色泽细腻，柔和明亮，手感爽滑，高雅华贵。

（2）柞丝织物色泽较暗，外观粗糙，手感柔而不爽、略带涩滞，但坚牢耐用。柞丝织物浸湿清水也会产生水渍。

（3）绢纺织物表面粗糙，有碎蛹屑等杂质黑点。

（4）纯丝织物吸湿、透气，穿着舒服，耐热性和强度均较好；但纯丝织物耐光性差，色牢度较差，对碱十分敏感，易被碱破坏。

（六）混纺面料

1. 毛涤织物 毛涤织物是指用羊毛和涤纶混纺纱线制成的织物，是当前混纺毛料织物中最普遍的一种。毛涤混纺的常用比例是45∶55，既可保持羊毛的优点，又能发挥涤纶的长处。几乎所有的粗、精纺毛织物都有相应的毛涤混纺品种，混纺比例可根据织物的需要进行调整。

毛涤薄型花呢与全毛花呢相比，质地轻薄、折皱回复性好、坚牢耐磨、易洗快干、褶裥持久、尺寸稳定、不易虫蛀，但手感不及全毛柔软。如用有光涤纶做原料参与混纺，呢面有丝样光泽；若在混纺原料中使用羊绒或驼绒等动物毛，则手感较滑嫩。

洗涤时先用冷水浸泡15min，然后用一般合成洗涤剂洗涤，洗液温度不宜超过45℃；领口、袖口较脏处可用毛刷（软性）刷洗，清洗干净后，可轻拧干，置阴凉通风处晾干；不可暴晒，不宜烘干，以免因热生皱。

2. 毛黏混纺 混纺的目的是为了降低毛纺织物的成本，又不使毛纺织物的风格因黏胶纤维的混入而降低。黏胶纤维的混入，将使织物的纤维强度、耐磨性、抗皱性、蓬松性等多项性能明显变差。因此，精梳毛织物的黏胶纤维含量不宜超过30%，粗梳毛织物的黏胶纤维含量也不宜超过50%。

3. 羊兔毛混纺 羊兔毛混纺毛织物是近年来开发较好的一种产品。混纺不仅提高了兔毛的可纺性，而且可改善织物的风格，增加花色品种。兔毛可使织物手感比纯羊毛织物柔软，并使织物外观上产生银霜般的光泽；还可利用羊毛、兔毛的着色不同，染出双色，别具风格。兔毛轻、纤维强度低、抱合差，因而纺纱困难，含量只可在20%左右，且需用品级高的羊毛与其混纺。其混纺产品为高档大衣呢、花呢或细绒线针织物。

4. T/R面料 一般是做衣服的专门面料，T指涤纶（terylene），R指黏胶纤维（rayon）。T/R面料系涤黏混纺织物，是一种互补性强的混纺，用来制作立领夹克、翻领夹克及休闲装。这类混纺织物的特点是织物平整光洁、色彩鲜艳、毛型感强、手感弹性好、吸湿性好，但免烫性较差。

5. 高密NC布 是采用锦纶（尼龙）与棉纱混纺或交织的一种织物，其经纬密度较大，一般采用平级组织。该产品综合了锦纶和棉纱的优点。锦纶的耐磨性居天然纤维和化学纤维之首；锦纶的吸湿性好，其穿着舒适感和染色性能要比涤纶好，故锦纶与棉纱混纺或交织不会降低棉纱的吸湿性和穿着舒适性；锦纶较轻，而棉纱较重，二者交织或混纺后，可减轻织物重量；锦纶的弹性极好，与棉纱混纺或交织后，可提高织物的弹性。

缺点是由于锦纶参与交织或混纺，织物的耐热性和耐光性较差，在使用过程中如洗涤、熨烫要符合条件，以免损坏。其最显著的风格特征是不易磨损、柔软舒适、清洗方便，但注意不可暴晒、不可拧干。

6.天丝面料（tencel） 是一种全新的黏胶纤维，正式名为莱赛尔（lyocell）黏胶纤维，其商品名为天丝。

天丝是采用氧化胺（NMMO）为基础的溶剂纺丝技术制取的，与以往黏胶纤维的制取方法完全不同。因溶剂无毒且可以回收，对生态无害，又被称为21世纪黏胶纤维。天丝的成分为人造纤维素纤维，其生产原料为树木木质浆。

天丝主要特点是：湿强度高（比棉纤维还要高），湿模量也比棉高；具有黏胶纤维良好的吸湿性，又有合成纤维那样的高强度；天丝织物尺寸稳定性较好，水洗缩率较小，织物柔软，有丝绸般光泽；当有一定温度时，天丝织物会膨胀，可以在防雨水和雪的侵入的同时，仍保持透气性，具有天然纤维一样的舒适性。采用天丝制作的服装，服帖柔顺，多种方式均可清洗，仍然保持柔软、不会变形。应注意：采用手洗；勿使用漂白剂；阴干，不可拧干。

7.TNC面料 是由超级纤维（锦纶、涤纶）与高支棉纱复合，即三合一复合纤维织成的最新流行面料。T指涤纶（terylene），是一种合成纤维；N指锦纶（nylon），也是一种合成纤维；C指棉（cotton），这里指的是高支棉纱。该面料综合发挥了涤纶、锦纶、棉纱三种纤维的特色，集三种纤维的优点于一身，耐磨性好，弹性恢复率好，强度好，手感细腻滑爽，舒适透气，风格新颖、别致，是理想的服装面料。可以干洗，不可拧干。

8.复合面料 采用超细纤维，经过特定的纺织加工和独特的染色整理，然后再经"复合"设备加工而成。复合面料应用了"新合成纤维"的高技术和新材料，具备很多优异的性能（与普通合成纤维相比），如织物表现细洁、精致、文雅、温馨，织物外观丰满、防风、透气，具备一定的防水功能，保暖性好等。

由于复合面料采用了超细纤维，故该织物具有很高的清洁能力，即去污能力。该织物还有一个特点是耐磨性好，超细纤维织物手感柔软、透气、透湿，所以在触感和生理的舒适性方面，具有明显优势。超细纤维织物的抗皱性较差（这是因为纤维柔软，折皱后弹性回复差），为了克服这一缺点，故采取了复合工艺，这样就大大地改善了超细纤维织物的抗皱性。

五、服装面料的外观特征鉴别

充分地了解面料基础知识，了解各种面料的属性和特点，对更好地发挥产品的设计效果有着非常重要的作用。即使采用同样的制作工艺、同样的款式，不同的面料仍会产生不同的效果。有的面料洗后就会走样；有的面料制成服装后，弄错正反面、倒顺毛，使整体服装深浅不一致；有时会出现花纹混乱等问题，从而影响到服装的外观效果。

好的服装面料做成服装，在外观上比较有质感，摸起来具有很好的手感，穿着舒服。

同时选择合适的服装面料，有助于缝制工艺更好的发挥。因此在制作宠物服饰前要对所选布料进行质地鉴别，加强服饰的美观性与适用性。

（一）鉴别面料的正反面

（1）织物一般正面光洁平整，疵点较少，花纹、色泽均比反面清晰美观。

（2）凹凸织物的正面紧密而细腻，具有突出的条纹和图案，立体感强；反面较粗糙，具有较长的浮线。

（3）起毛织物中，单面起毛的织物起毛的一面为正面；双面起毛的织物则绒毛光洁、整齐的一面为正面。

（4）毛巾织物以毛圈密度大的一面为正面。

（5）织物的布边光洁整齐、针眼突出明显的一面为正面。

（6）闪光或特殊外观织物，则以风格突出、绚丽多彩的一面为正面。

（7）有少数织物的正、反面虽有差异，但各有特色；有的织物正、反面完全相同。这两类织物称为双面织物，可根据需要确定正、反面。

（二）鉴别面料的经纬向

（1）与织物布边平行的方向为经向，与织物的布边垂直的幅宽方向为纬向。

（2）不同原料的交织物，一般以纤维强度大的原料所在方向为经向。如棉与毛、棉与麻的交织物，棉纱方向为经向；毛与丝、毛丝棉的交织物，丝和棉纱方向为经向；丝与人造丝、丝与绢丝的交织物，以丝的方向为经向。

（3）不同经纬密度的织物，密度大的为经向。

（4）半线或凸条织物，一般以股线或并纱方向为织物的经向。

（5）毛巾织物以起毛圈纱的方向为经向。

（6）纱罗织物以有绞线的方向为经向。

（7）筘痕明显的织物，以筘痕方向为织物的经向。

（三）鉴别面料的倒顺方向

（1）有树木、山水、船、人像、建筑物等图案的面料，有倒顺方向之分。一般以图案正立的方向为顺向。

（2）有阴阳条、阴阳格的面料具有方向性，排料时需按同一方向对格，注意一致性。

（3）绒类织物，如灯芯绒、平绒、金绒、乔其绒、长毛绒和顺毛呢绒（立绒除外），有倒顺毛之分。以抚摸表面时毛头倒伏、顺滑且阻力小的方向为顺毛方向；以毛头撑起、顶逆且阻力大的方向为倒毛方向。绒毛的倒顺不同，对光反射的强弱也不同，顺毛方向颜色浅、光泽亮，倒毛方向颜色深、光泽暗。若服装裁片的倒顺不一致会产生明显的色差。因此，整件服装应倒顺统一。灯芯绒、平绒一般倒毛制作，顺毛呢绒等一般顺毛制作，仅在特殊要求时采用倒顺合理搭配。

（四）鉴别布料的成分

1. 感官鉴定法

①纯棉布。布面光泽柔和，手感柔软，弹性较差，易皱褶。用手捏紧布料后松开，可见明显褶皱，且褶痕不易恢复原状。从布边抽出几根经、纬纱捻开观看，纤维长短不一。

②黏棉布（包括人造棉、富纤布）。布面光泽柔和明亮，色彩鲜艳，平整光洁，手感柔软，弹性较差。用手捏紧布料后松开，可见明显褶痕，且褶痕不易恢复原状。

③涤棉布。光泽较纯棉布明亮，布面平整，洁净无纱头或杂质。手感滑爽、挺括，弹性比纯棉布好。手捏紧布料后松开，褶痕不明显，且易恢复原状。

④纯毛精纺呢绒。织物表面平整光洁，织纹细密清晰。光泽柔和自然，色彩纯正。手感柔软，富有弹性。用手捏紧呢面松开，褶痕不明显，且能迅速恢复原状。纱支多数为双股。

⑤纯毛粗纺毛呢。呢面丰满，质地紧密厚实。表面有细密的绒毛，织纹一般不显露。手感温暖、丰满，富有弹性。纱支多为粗支单纱。

⑥毛涤混纺呢绒。外观具纯毛织物风格。呢面织纹清晰，平整光滑，手感不如纯毛织物柔软，有硬挺粗糙感，弹性超过全毛和毛黏呢绒。用手捏紧呢面后松开，褶痕迅速恢复原状。

⑦毛腈混纺呢绒。大多为精纺。毛感强，具毛料风格，有温暖感。弹性不如毛涤。

⑧毛锦混纺呢绒。呢面平整，毛感强，外观具蜡样光泽，手感硬挺。手捏紧呢料后松开，有明显褶痕，能缓慢地恢复原状。

⑨真丝绸。绸面平整细洁，光泽柔和，色彩鲜艳纯正。手感滑爽、柔软，外观轻盈飘逸。干燥情况下，手摸绸面有拉手感，撕裂时有"丝鸣声"。

⑩黏胶丝织物（人工丝绸）。绸面光泽明亮但不柔和，色彩鲜艳，手感滑爽、柔软，悬垂感强，但不及真丝绸轻盈飘逸。手捏绸面后松开，有褶痕，且恢复较慢。撕裂时声音嘶哑。经、纬纱沾水弄湿后，极易拉断。

2. 燃烧鉴定法

①棉。靠近火焰，不缩不熔。接触火焰，迅速燃烧，火焰橘黄色，有蓝色烟。离开火焰，继续燃烧。具烧纸气味，灰烬少，呈线状。灰末细软，呈浅灰色，手触易成粉末。

②麻。同上，灰烬少，浅灰色或灰白色，手触易成粉末。

③丝。靠近火焰，卷缩不熔。接触火焰，缓慢燃烧。离开火焰，自行熄灭。火焰橘黄色，并很小。具烧羽毛或烧毛发的气味，呈黑褐色小球，手触易成粉末状。

④毛。靠近火焰，卷曲不熔。接触火焰，冒烟燃烧，有气泡。离开火焰，继续燃烧。有时自行熄灭，火焰橘黄色。具烧羽毛或烧毛发的气味，灰烬多，形成有光泽的形状不定的黑色块状物，手触易成灰末状。

⑤黏胶。靠近火焰，迅速燃烧，橘黄色火焰。具烧纸气味，灰烬少，深灰色或浅灰色。

⑥涤纶。靠近火焰，先收缩，后熔融。接触火焰，熔融燃烧。离开火焰，继续燃烧。火焰黄白色，明亮，顶端有线状黑烟。具特殊芳香味，呈黑褐色的形状不定的硬块或小球状，用指可压碎。

六、面料的疵点

（一）疵点的种类

1. 纱疵　如棉结杂质、大肚纱、竹节纱、条干不匀等。

2. 织疵　如断线接头、错纱、纬斜、稀密、褶痕、挑纱、破洞、纬缩、经缩、百脚等。

3. 疵点　如色斑、色差、搭色、色条、花纹不符、油污、整理损伤等。依据疵点的多少、大小和面料的外观质量分为四个等级：一等品、二等品、三等品和等外品。一般在布头上贴有说明纸，一等品为白底红字，二等品为白底绿字，三等品为白底蓝字，等外品为白底黑字。

注意，一些特色风格的织物外观，如桑柚绸、绢丝纺、棉绸的黑色或本色结点，麻织物的条干不匀，色纺物如派力司、法兰绒的雨丝或夹花效应等外观，均属正常。

(二) 印染布疵点产生的原因

1. **露白**　经纱或纬纱的一部分翻转或移动到织物的正、反面，在花纹上呈现出酷似被挠后留下的线条。该疵点大多由于色浆渗透不良、印花后的处理不当（张力不匀等）而造成。

2. **印花色泽不匀**　印花的一部分变成了如同鲨鱼表皮形状那样的花斑。该疵点多在色浆黏度不适当、筛网网眼选择不当或贴布不匀等情况下发生。

3. **渗色**　印花花纹的颜色渗出，花型的轮廓不清晰，呈现出模糊不清的色彩。该疵点多由于色浆黏度低、染料浓度极浓、印花吸浆量过多或吸湿剂用量多等原因造成。

4. **搭色污斑**　印花花纹的颜色沾染到其他部分所造成的污斑。该疵点大多在印花台板洗涤不净，印花后干燥不充分相互重叠在一起，或蒸化工程中织物与织物间相互接触等情况下发生。

5. **双版色差，刮浆不匀**　指在织物的横向呈现出一定间隔的色泽深浅。该疵点多在筛网框、刮刀安装不良或刮浆不匀情况下发生。

6. **色浆不足，脱浆**　即花纹部分颜色缺乏。通常在色浆补充不及时、刮浆刀压力不匀、刮浆刀硬度不当、刮浆刀继电器故障、印花台板表面有凹凸、色浆黏度及浆料不适当等情况下发生。

7. **花版接头不良**　指花版接版处花型重叠或不吻合（脱开）。多因为输送带调整不良或台版规矩眼调整不当，影响花位准确性而造成。

8. **花版错位**　指花纹错位的印制品。大多在对花不准、雕刻不良、贴布不良等情况下发生。

七、面料的缩水比例与不同类型的布料不良性质比较

1. **面料的缩水比例**　丝绸（门幅110cm）一般缩水率为3%左右；麻（门幅133cm）一般缩水率为4%～5%；棉（110cm或144cm门幅）的缩水率为5%左右，能用宽幅尽量用宽幅,厚面料一般用门幅110cm；化学纤维（144cm净门幅）的缩水率为1%左右。

2. **不同类型的布料不良性质比较**　退色的情况是棉＞混纺＞化学纤维；易变形情况是针织＞梭织；起毛、起球情况是棉＜混纺（涤棉）＜毛腈；起静电的情况是化学纤维＞棉；缩水的情况是棉＞混纺＞化学纤维；抗皱情况是棉＜混纺＜化学纤维。

复习与思考

1. 简述常用面料的特性与缝制时注意事项。
2. 阐述鉴别毛、棉、麻、丝、涤纶等布料类型的方法。
3. 熟练进行面料正、反面的鉴别。
4. 试选择几种面料，谈谈它们如何搭配。

项目三 服装缝纫与熨烫的基本技能

内容提要

掌握手工缝制与机器缝制服饰的常用手法与技巧，使宠物服饰既美观实用又各具风格。

一、手工缝制的操作方法

1. 拱针的操作 拱针即平缝针，是将带线针扎进衣片，按规定线路连续、均匀地向前进针，将两层衣片缝合连接。它是一切手缝针法的基础。拱针的基础训练要求针距为0.3～0.4cm，针迹均匀一致，缝制地越精确，视觉效果越好，衣物越平整、耐穿。

2. 绷针的操作 绷针是平缝针法的灵活运用，可分为临时性绷针和永久性绷针。绷缝时，线要松紧适宜，尾端要缝一倒钩针，以防绽开。绷针在服装缝制中用途广泛，如绷侧缝、绷袖口、绷袖缝等都用此针法。

3. 打线钉的操作 打线钉一般用白线，用双线上下对齐对正，线钉的针距一般在3cm左右。主要为了方便机器操作，增加缝纫的准确性与精确程度。

4. 缲针的操作 缲针也称为缭针，有明、暗之分。其针法是：第一针将线结藏在折边里，缝住1～2根布丝将针拔出，然后从右向左间隔0.3cm进行缲缝。缲针要求针距相同、针迹整齐、线的松紧适度。缲针主要用于服装的袖口、底边、袖笼等部位。在操作时注意所用缝线应与衣料的颜色近似。

5. 倒钩针的操作 倒钩针又称回针，其针法是：从接缝处向里0.7cm处起针后（从左至右），倒退1cm缝第二针，第一针和第二针要交叉接触0.3cm，以此循环形成倒钩针。

倒钩针主要用于服装的袖口、底边、袖笼等斜丝部位。它的作用是使斜丝不易被拉松。

6. 三角针的操作 三角针呈边长0.6cm的正三角形，此针法主要用于裤口、袖口、底边等部位。其在工厂多称为"撬边"，多用机械化撬边。

7. 拉线袢的操作 线袢主要用于服装底摆处面与里的连接，为了美观大方，还要考虑面和里的缩水程度。

8. 锁缝的操作 锁缝即锁扣眼，有平头和圆头两种。西装一般用圆头锁眼，衬衫一般用平头锁眼。在使用家用电动缝纫机时，缝纫机上有相关锁缝的功能，操作者可以根据所缝制服装的样式与特点选择不同形式的锁眼；但使用机器锁扣眼时要先练习操作，当能熟练操作时方可在成品服装上缝制。

二、机器缝制的衣缝种类与方法

（一）缝制类型

1. 平缝的方法 把两层或两层以上的织物正面叠合，沿着缝份1～1.2cm处进行缝合。

2. 包缝的方法 常见的包缝有两种，一种是内包缝，另一种是外包缝。包缝一般缉前片和后片肩缝，所缉线路在后片上；上衣袖时缉线在大身上；前后片摆缝缉线在后片上；大小衣袖片缉线在大袖片上。

3. 来去缝的方法 来去缝分两步进行：第一步，将衣料反面合在一起，上下为正面，像平缝一样沿边0.3cm处缉第一道线；第二步，将缝份0.3cm修齐，再将衣料正面相对缉第二道线。来去缝一般用于丝绸的省缝。

4. 分开缝的方法 分开缝简称为开缝，一般用于下装外侧缝、内侧缝、上衣肩缝、摆缝等。

5. 搭缝的方法 搭缝一般用于接衬子、松紧等。

6. 压缉缝的方法 缝制时先将正面与另一部分的反面相对缉第一道线，折转0.8cm再沿边缉一道线，正好盖住第一道线。

7. 做倒缝的方法 做倒缝又称折倒缝，两层衣片平缝后，缝份倒向一边，用于夹里与衬布的拼接部位。

8. 滚包缝的方法 将两片缝份的毛茬包净，只需一次缝合而成。

（二）缝制技巧

1. 回缝 为了防止针脚脱线，加固针迹，在缝制开始和收尾的地方，需要在同一位置重复缝制2～3针，称之为"回缝"。

2. 转角的缝制 缝至转角处，缝针不动，仅抬起压脚，转动布料至想要缝制的角度，放下压脚，继续缝制。

3. 包缝 是指缝布边的方法，防止布边脱线，控制面板上的指针转到包缝或车布边、锯齿缝的选项，设好锯齿振幅和针脚间距之后开始缝制。

4. 大针脚缝制 在加衣褶和加拉链时常使用的缝法，将控制面板上的针距调到理想的针脚间距再缝制。

5. 三次折边缝 沿衣料边向背面折叠0.5cm；沿完成线再次折叠；再在折边0.2cm处缝制。

6. 三次折端缝 沿衣料边向背面折叠1cm；再折叠1cm；在上一次折叠后的折边0.2cm处缝制。

7. 对折窝边缝 将两块布料正面朝内并重叠在一起，再沿边距1.3cm的位置缝制；将一侧的缝份剪掉0.7cm；将较宽的缝份叠过来，使其包住较窄的缝份；用熨斗将折痕处烫平；在距边0.1cm的位置车边缝。

8. 袋缝 两块布料背对背地重叠在一起，再沿边距0.6cm的位置缝制；用熨斗将缝份熨烫平整，并使其向左右两边铺开；沿着接缝将布料正面朝内对折；在距边0.8cm的位置缝制；用熨斗将缝份处熨烫平整，并使其倒向一边。

9. **双布边缝** 两块布料正面朝内地重叠在一起,并沿边距1.3cm的位置缝制,再将两缝份向左右两边铺开;两侧的缝份向背面折叠0.5cm;最后在距两边0.2cm的位置缝制。

三、整烫的操作方法

车缝后,衣料受缝制线的牵扯,针脚处有些皱褶,用熨斗将其烫平整。熨烫的方法根据布料的性质、缝制的部位及展示的效果有所不同,下面介绍几种熨烫方法供参考。

1. **熨开缝份**(平分缝) 用食指和中指将缝合的缝份向两边展开,用熨斗左右熨烫,将缝份完全烫平。

2. **倒缝份** 是将缝份倒向一边的熨烫方法,在针脚需要藏在里面时使用。首先将缝制的缝份用平缝份的方法熨开,再用手指按住一边,用熨斗将缝份从接缝处倒向另一边熨烫。熨烫后的效果好,从正面看整齐美观。

3. **熨烫内弧形缝份的方法** 弧形窝边缝的难度较大,需要在弧形处剪几个口。开口和车缝针脚的距离约0.2cm,用熨斗将缝份稍稍熨开,翻过来熨烫正面,熨出平整的外形。

4. **熨烫外弧形缝份的方法** 在弧形处车缝后,在外弧形处剪几个口,开口和车缝针脚的距离约0.2cm,用熨斗将缝份稍稍熨开,翻过来熨烫正面,熨出平整的外形。

复习与思考

1. 练习缝制纽扣及裁剪布料。
2. 练习缝制手工艺品,如蝴蝶结、三角巾、玩具等。
3. 练习快速熨烫衣物,掌握熨烫衣物的技巧。
4. 掌握包缝机与缝纫机的各个部件的名称与功能,练习包缝机与缝纫机的配合使用。
5. 练习不同的缝制方法,掌握缝纫技巧。

项目四

制作犬服饰的体尺测量方法与常见尺寸

内容提要

了解犬的身体部位与骨骼结构，掌握给犬进行体尺测量的方法与要求，所要求测量的部位的数值要准确。掌握宠物服饰尺寸大小等规格的设计要求，学习服饰纸样的绘画、裁剪与制作。

操作步骤与图解

一、肩高与身长的测量

犬的肩高与身长的测量见图2-4-1。

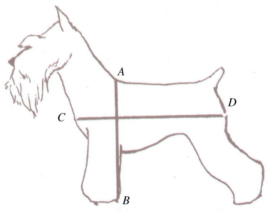

图2-4-1　犬的肩高与身长的测量部位标注

肩高：肩胛骨到地面的距离（A、B两点间距离）
身长：胸骨到坐骨端的水平距离（C、D两点间距离）

二、测量的位置

犬的测量位置见图2-4-2。

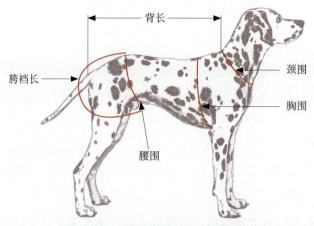

图2-4-2 犬的服饰制作常测量的部位标注

胸围：沿前肢肘后侧经肩胛骨后缘绕胸一周的长度（胸廓最大的部位）
颈围：绕颈根部一周的长度
背长：颈椎末端到尾根的长度
腰围：围绕腰部最细处一周的长度
胯档长：从腰围的背部测量处绕经臀部到腹部腰围外的长度

三、常见宠物犬的服饰尺寸

常见宠物犬的服饰尺寸见表2-4-1，也可根据犬种进行调整。

表2-4-1 不同型号的宠物服饰测量部位尺码（cm）

号码	胸围	颈围	背长	腰围	胯档长
3S	30	19	22	20	24
SS	35	22	25	25	28
S	40	26	29	30	32
M	46	30	33	36	38
L	58	38	40	48	48
LL	68	42	50	55	58
3L	81	50	60	68	68

注 测量的每一个部位的尺寸均需要松弛有度，不能紧贴犬、猫身体，需缝合的部位要在此基础上多放出1～2cm。如要做衣襟，则要在原有的基础上在衣襟的部位扩大3～4cm。

复习与思考

1. 练习测量不同体型犬的各部位体尺。
2. 将不同体型犬的体尺进行对比，谈谈造成体尺差异的原因。
3. 将测量的尺寸与表2-4-1对比，观察差异的多少。

项目五 宠物犬服饰的设计与制作

任务一 宠物犬背心的设计与制作

内容提要

掌握宠物犬背心的制作特点，从布料的选材入手，按背心制作要求对犬进行体尺测量，根据所测体尺的数据进行裁剪、缝制。熟练掌握整个操作过程与制作要求，并分析制作结果，对其进行纠正与改进。

操作步骤与图解

一、测量部位

宠物犬背心制作需要测量的部位见图2-5-1。

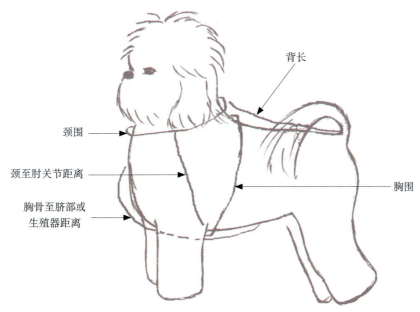

图2-5-1 体尺测量的部位

二、裁剪与制作的操作方法

（一）背心式样1

1.成品规格（表2-5-1）

表2-5-1 成品尺寸规格（cm）

型号	部 位				
	胸围	颈围	背长	前后肢间距	胸骨至脐部或生殖器的距离
S	40	26	27	13	20
符号	ⓐ	ⓑ	ⓒ	ⓓ	ⓔ

2.裁剪后的图样（图2-5-2、图2-5-3）

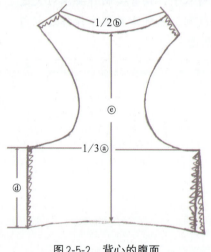

图2-5-2 背心的腹面

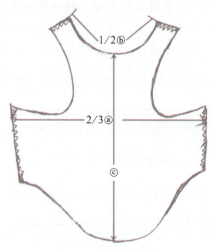

图2-5-3 背心的背面

3.缝制的操作步骤

（1）将测量的体尺在所选的布料上裁剪出来，如图2-5-2、图2-5-3所示，在所有需缝制的部分均需放大1～2cm。

（2）将裁剪的毛边部分锁边。

（3）锁边后的前后两片布料将相对应的部分（图2-5-4中波浪边）缝合在一起。

（4）将颈围、袖口、背腹下摆的部分包边缝合。

（5）缝合好的背心如图2-5-4所示。有时可根据个人爱好在衣服的周边加上褶皱或花边，以显示犬活泼好动的个性。

图2-5-4 缝合好的背心

（二）背心式样2

1. 成品规格（表2-5-2）

表2-5-2　成品尺寸规格（cm）

型号	部位				
	胸围	背长	颈围（领长）	颈至肩关节距离	胸骨至脐部的距离
M	44	33	29	8	20
符号	ⓐ	ⓑ	ⓒ	ⓓ	ⓔ

2. 裁剪的图样（图2-5-5、图2-5-6、图2-5-7）

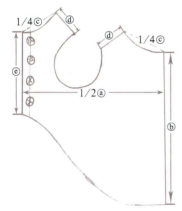

图2-5-5　裁剪好的背心

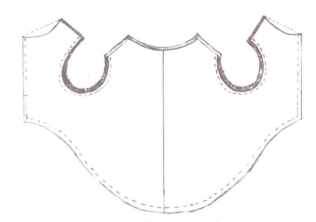

图2-5-6　裁剪后展开的背心

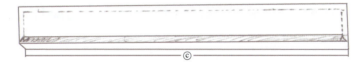

图2-5-7　背心衣领裁剪示意

3. 缝制的操作步骤

（1）对折所选布料，将测量的体尺在所选的布料上裁剪出来，如图2-5-5、图2-5-7所示，衣领的长度为颈围，宽度可根据衣服的式样及整体效果裁定，展开后如图2-5-6所示。

（2）将裁剪后布料的周边锁边，防止脱线。

（3）锁边后按图2-5-5中标注相同符号的部分依次缝合。

（4）将图2-5-6中所显示的虚线的部分进行包缝缝制。

（5）安装衣领，要美观。

（6）缝合好的背心如图2-5-8所示。

图2-5-8　缝合好的背心

三、服饰成品示例

服饰成品示例见图2-5-9。

图2-5-9　服饰成品示例

复习与思考

1．测量三种体型大小不同的犬的体尺（满足制作背心所需），并根据体尺分析犬的服装制作过程中需要注意的问题。

2．绘制宠物犬背心设计图。

3．根据实测犬的体尺，制作两件不同款式的宠物犬背心，给犬试穿后，找出优缺点。

任务二　宠物犬两袖上衣的设计与制作

内容提要

掌握宠物犬两袖上衣的选材、裁剪、缝制等技术要求与缝制过程。这种服饰是在制作背心的基础上进行加工，比制作背心稍繁杂一些，但基本的制作方法相同，需要灵活运用。由于两袖装有了袖子，所以体尺测量的部分要增加前肢的腿围与腿长。

操作步骤与图解

一、测量部位

宠物犬两袖上衣制作的测量部位见图2-5-10。

模块二 宠物服饰的设计与制作

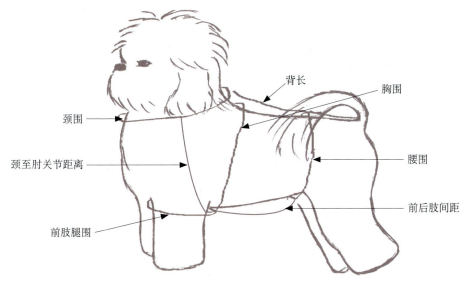

图 2-5-10 体尺测量的部位

二、裁剪与制作的操作方法

（一）成品规格（表2-5-3）

表2-5-3 成品尺寸规格（cm）

型号	部位				
	胸围	颈围	背长	颈至肘关节距离	前后肢间距
L	58	38	40	10	20
符号	ⓐ	ⓑ	ⓒ	ⓓ	ⓔ

（二）裁剪后的图样（图2-5-11、图2-5-12）

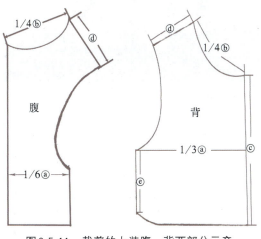

图 2-5-11 裁剪的上装腹、背两部分示意

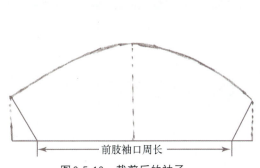

图 2-5-12 裁剪后的袖子

（三）缝制的操作步骤

（1）将测量的体尺在所选的布料上裁剪出来，袖长不宜过长，不影响跑动即可，如图2-5-11、图2-5-12所示。

（2）将裁剪的毛边部分锁边。

（3）将锁边后的前后两片布料相对应的部分缝合，如图2-5-13所示；将袖口缝合成筒状，如图2-5-14所示，并将袖子有弧形的部分与上装的肩部缝合。

图2-5-13　缝合好的上装

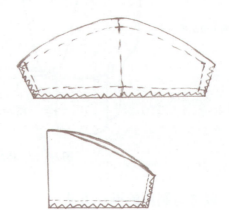
图2-5-14　缝合后的袖子

（4）将颈口、袖口、背腹下摆的部分包边缝合。

（5）缝合好的两袖上装的效果如图2-5-15所示。

图2-5-15　缝制好的两袖装效果示意

复习与思考

1．测量两种体型大小不同的犬的体尺（满足制作两袖装的需要），并根据体尺数据，分析在服装裁剪与缝制过程中需要注意的事项。

2．绘制宠物犬两袖装设计图。

3. 根据实测犬的体尺，制作两件不同款式的宠物犬两袖装，给犬试穿后，找出不当之处，并提出改进的方法。

任务三　宠物犬两袖裙装的设计与制作

内容提要

掌握宠物犬两袖裙装的选材、选料、裁剪、缝制要求及过程。裙装的风格较多，可根据主人的爱好，犬的体形，犬的被毛颜色选择不同的布料，甚至可以选择夸张一些的布料，配以一些小饰品，如蝴蝶花、项链，给犬做个创意造型，更加彰显犬的个性，效果会更好。

操作步骤与图解

一、测量部位

宠物犬两袖裙装需要测量的部位见图2-5-16。

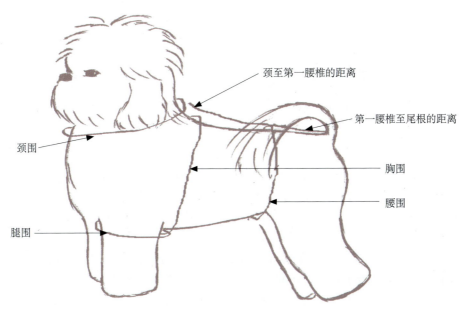

图2-5-16　体尺测量的部位

二、裁剪与制作的操作方法

（一）成品规格（表2-5-4）

表2-5-4　成品尺寸规格（cm）

型号	部位						
	胸围	颈至第一腰椎的距离	第一腰椎至尾根距离	腰围	颈围	前肢腿围	袖长
SS	36	15	10	25	24	8	6
符号	ⓐ	ⓑ	ⓒ	ⓓ	ⓔ	ⓕ	ⓖ

（二）裁剪后的图样（图2-5-17～图2-5-20）

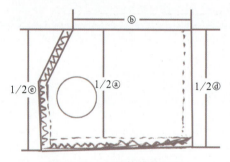

图2-5-17　上装的裁剪示意

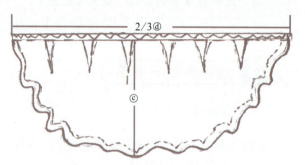

图2-5-18　裙子部分的裁剪示意

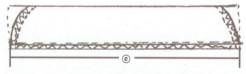

图2-5-19　衣领的裁剪示意

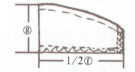

图2-5-20　袖子的裁剪示意

（三）缝制的操作步骤

（1）将测量的体尺在所选的布料上裁剪出来，如图2-5-17～图2-5-20所示，裙子的部分要足够长，可为腰围的1.5～2倍长，并在上面加些对称的褶皱，使具有裙子的感觉。

（2）将裁剪的毛边部分锁边，如图2-5-17～图2-5-20中曲线的部分所示。

（3）锁边后的上装部分将胸前的衣襟部分缝合，如需要制成带纽扣的衣襟，则要多留出3～4cm，其他布料将标注相同符号的相对应的部分缝合在一起；将衣领、袖子的部分与上装的领口、衣肩部分缝合在一起。如果领口的长度超出颈围，则可在领口的部分加些对称的褶皱，缩小领口的大小，使其与衣领的长度相吻合。

（4）将袖口、裙摆的部分包边缝合，袖口与裙摆可做得夸张一些，做成蓬松状。

（5）将上装前襟包边缝好后，开扣眼，缝上纽扣，也可在裙上安装蝴蝶结及其他装饰，以突显犬只个性。

（6）缝合好的两袖上装的式样如图2-5-21所示，也可在此基础加上其他元素，总之，裙装是多风格、多创意的。

（四）裙装的成品效果（图2-5-21）

图2-5-21　裙装的成品效果示意

复习与思考

1. 测量两种体型大小不同的犬的体尺（满足制作两袖裙装的需要），并根据体尺分析在服装裁剪与缝制过程中需要注意的事项。
2. 绘制宠物犬两袖裙装设计图。
3. 根据实测犬的体尺，制作两件不同款式的宠物犬两袖裙装，给犬试穿后，找出不当之处，并提出改进的方法。

模块二 宠物服饰的设计与制作 | 153

任务四　宠物犬四袖装的设计与制作

内容提要

掌握宠物犬四袖装的布料选择与搭配、衣料裁剪方法、缝制过程及要求。四袖装是服装制作较复杂的一种，其裁剪方法也区别于前几种服装，如果裁剪不当，则会无法缝制，或缝制后的衣服穿在犬的身上，限制犬的活动。因此裁剪时要精确到位，但缝制过程中多了许多弧度，这也增加了缝制的难度。

操作步骤与图解

一、测量部位

宠物犬的四袖装需要测量的部位见图2-5-22。

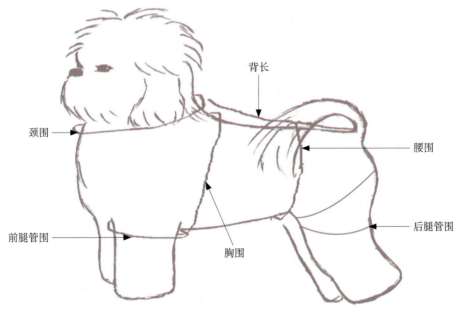

图2-5-22　体尺测量的部位

二、裁剪与制作的操作方法

（一）成品规格（表2-5-5）

表2-5-5 成品尺寸规格（cm）

型号	部位					
	胸围	背长	颈围	后腿管围	前后肢袖长	前腿管围
SS	35	25	24	20	14	12
S	40	29	26	22	16	14
M	44	29	27	25	18	17
符号	ⓐ	ⓑ	ⓒ	ⓓ	ⓔ	ⓕ

（二）裁剪后的图样（图2-5-23～图2-5-26）

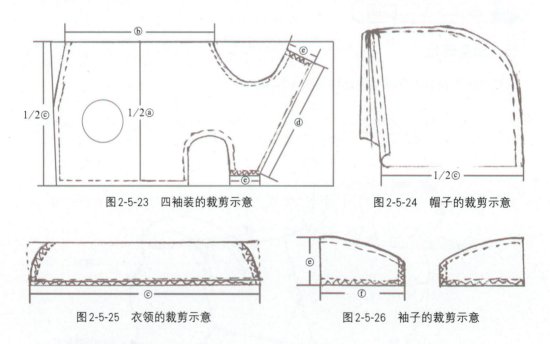

图2-5-23 四袖装的裁剪示意　　图2-5-24 帽子的裁剪示意

图2-5-25 衣领的裁剪示意　　图2-5-26 袖子的裁剪示意

（三）缝制的操作步骤

（1）将测量的体尺在所选的布料上裁剪出来，如图2-5-23、图2-5-24（与图2-5-25选其一）、图2-5-26所示。

（2）将裁剪的毛边部分锁边，图2-5-23～图2-5-26中锯齿所示部分。

（3）锁边后将后腿部相对应的部分缝合在一起，形成袖筒；将衣领或帽子、袖子的部分与上装的领口、肩的部分缝合在一起。

（4）将袖口、臀部、腹股沟的部分包边缝合，注意弧度的缝制，要线条柔和。

（5）将衣服前襟包边缝好后，开扣眼，缝上纽扣，也可在服装上安装蝴蝶结、衣袋及其他装饰；以突显犬只个性。

（6）缝合好的四袖装的效果如图2-5-27所示。

图2-5-27　四袖装成品的前后效果对比

（四）四袖装的成品效果（图2-5-28）

图2-5-28　四袖装的成品效果示意

复习与思考

1. 测量两种体型大小不同的犬的体尺（满足制作四袖装的需要），并根据体尺数据，分析在服装裁剪与缝制过程中需要注意的事项。
2. 绘制宠物犬四袖装设计图。
3. 根据实测犬的体尺，制作两件不同款式的宠物犬四袖装，给犬试穿后，找出不当之处，并提出改进的方法。
4. 在基本掌握了四袖装制作方法的基础上，可尝试设计并制作分体的四袖装。

任务五　宠物犬生理裤的设计与制作

内容提要

掌握宠物犬生理裤的选料、裁剪、缝制，以及辅助材料的要求与缝制过程。犬的生理裤要求大小合适，腰的部位需用橡皮筋固定，以防脱落。

操作步骤与图解

一、测量部位

宠物犬的生理裤需要测量的部分见图2-5-29。

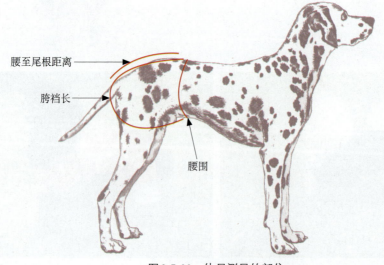

图2-5-29　体尺测量的部位

二、裁剪与制作的操作方法

（一）成品规格（表2-5-6）

表2-5-6 成品尺寸规格（cm）

型号	部位				
	胯裆长	腰围	腰至尾根的距离	尾周的长度	腰至后腿根部的距离
S	32	30	16	12	15
符号	ⓐ	ⓑ	ⓒ	ⓓ	ⓔ

（二）裁剪后的图样（图2-5-30～图2-5-33）

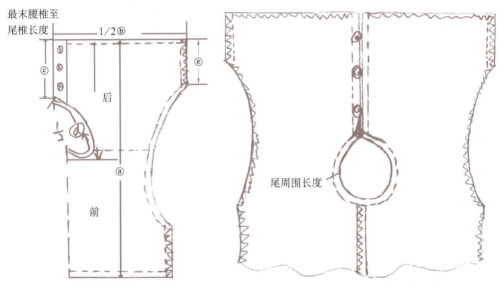

图2-5-30 生理裤的裁剪示意　　　图2-5-31 生理裤拼接后的示意

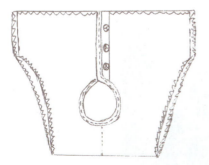

图2-5-32 生理裤缝合后的示意

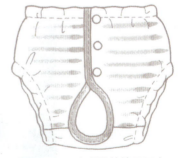

图2-5-33 生理裤的效果示意

（三）缝制的操作步骤

（1）将测量的体尺在所选的布料上裁剪出来，如图2-5-30所示。

(2) 将裁剪的毛边部分锁边。

(3) 将锁边后的左右两片布料的相对应的部分缝合在一起,拼接缝合后如图2-5-30、图2-5-31所示。

(4) 将后腿的部分包边缝合,将腰部缝上松紧橡皮筋。

(5) 将背部接口包边缝好后,开扣眼,缝上纽扣,也可安装蝴蝶结及其他装饰。

(6) 缝合好的生理裤的效果如图2-5-32、图2-5-33所示。

复习与思考

1. 绘制宠物犬生理裤设计图。
2. 根据实测犬的体尺,制作两件不同款式的宠物犬生理裤,给犬试穿后,找出不当之处,并提出改进的方法。

任务六　宠物犬鞋的设计与制作

内容提要

掌握宠物犬鞋的选材、裁剪、缝制要求及过程。可根据犬的品种、体型大小及犬的被毛修剪方式或服饰的不同,制作相应的鞋子。

操作步骤与图解

一、测量部位

宠物犬鞋需要测量的部位见图2-5-34。

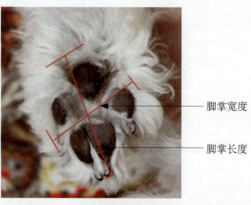

图2-5-34　体尺测量的部位

二、裁剪与制作的操作方法

（一）成品规格（表2-5-7）

表2-5-7　成品尺寸规格（cm）

型号	部位				
	鞋高	脚掌长度	脚掌宽度	脚掌厚度	腿围长度
S	10	14	8	3	10
符号	ⓐ	ⓑ	ⓒ	ⓓ	ⓔ

（二）裁剪后的图样（图2-5-35、图2-5-36）

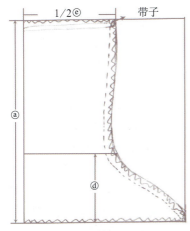

图2-5-35　鞋面的裁剪示意

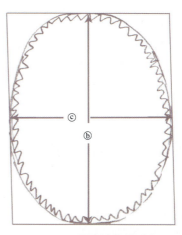

图2-5-36　鞋底的裁剪示意

（三）缝制的操作步骤

（1）将测量的体尺在所选的布料上裁剪出来，如图2-5-35、图2-5-36所示。

（2）将裁剪的毛边部分锁边。

（3）锁边后，将鞋面部锯齿边缝合在一起，再将鞋面与鞋底相对应的部分缝合在一起。

（4）将鞋口的部分包边缝合，并留有空隙，能穿过一根带子束紧鞋口，防止鞋子脱落；也可在鞋上安装纽扣及其他花饰作为装饰，以突显鞋子的特征。

（5）缝合制作好的鞋子效果如图2-5-37所示。

图2-5-37　鞋子效果

复习与思考

1. 绘制宠物犬鞋子设计图。

2. 根据实测犬的脚掌尺码，制作两种款式的宠物犬鞋各两只，给犬试穿后，找出不当之处，并提出改进的方法。

附录

犬的美容造型修剪部位的中英文专业术语对照

一、描述饰毛的专业术语

coat 被毛
over coat 上毛
under coat 下毛
double coat 双层毛，犬有上毛和下毛两层毛
wire coat 上毛为硬毛质的被毛
silky coat 像绢丝一样长而柔软的犬毛
smooth coat 短且润泽的被毛
long coat 长毛
rough coat 粗毛
stand off coat 分开且直立的毛
staring coat 粗而无光泽的毛
whisker 犬的胡须，一般在下颌和嘴的两侧
beard 长在下颌的长胡须
frill 颌下及胸前的褶皱处的毛
apron 颌下及胸前围绕的裙边毛
topknot 头盖骨上的卷毛
culotte 大腿上形似裤子的毛
ruff 脖颈周围的长毛
fringe 装饰毛
fall 由头顶垂下的毛
pompon 尾球
bracelet 足环毛球

pile 非常厚的毛层
breeching 腿部的毛
broken coat 粗毛
bushy 毛量多的被毛
corded coat 绳状毛
curly coat 卷毛
ear fringe 耳饰毛
hackle 犬发怒时本能地立起的毛
harsh coat 硬毛的毛层
death coat 脱落掉的毛
long haired 长毛
out of coat 换毛期脱毛的状态
overhang 从侧面看鼻子和脸上覆盖的毛
shaggy 粗毛，狸类犬种粗状的上毛毛层
skirt 由前胸垂下的毛
smooth haired 短而润泽的毛
wavy coat 波状毛
bloom 视觉效果很好的毛
毛足 犬的足毛很长
毛吹 毛的密度和状态
逆毛 与毛流朝向相反的毛
触毛 嘴两侧粗且长的硬毛
直状毛 直且硬的细毛

二、描述眼睛的专业术语

eyeball 眼球
eyebrow 眉毛
eyelash 睫毛

eyelid 眼睑，上、下眼睑中间含有黏膜
pupil 瞳孔
orbit 眼窝

haw 红色眼膜，下眼睑松弛的犬种，如大丹犬、圣伯纳犬
lris 虹彩，眼球内部调节瞳孔色差的细胞组织
almond eye 杏核眼，如贝林登㹴
oval eye 卵形或椭圆形的眼，如贵宾犬
triangular eye 眼角上挑的三角形眼，也称为斜眼，比普通犬的眼睛突出

odd eye 左右眼不对称，颜色不同
entropion 眼缘向内侧翻卷，睫毛接触眼球
ectropion 过分疲惫的眼睛，下眼睑眼膜露出状
eye rim 眼睛边缘
眼缘 眼睑的缘，一般为暗色

三、描述耳朵的专业术语

button ear 在头盖骨前方垂下的耳朵，一般打折线在头盖骨之上，下垂部分在眼睛上方，如刚毛猎狐㹴
prick ear 直立耳，有自然直立和折断一样的下垂耳两种
semi prick ear 半直立耳，直立耳的前半部打折下垂，如喜乐蒂牧羊犬
tulip ear 耳幅很宽，向前探出
drop ear 垂耳
burr 耳朵向后打折，睡觉时露出耳孔

erect 可使耳朵或尾巴直立的犬
butterfly ear 像蝴蝶犬一样的耳朵
ear fringe 盖住整个耳朵的丝状装饰毛，如各种贵宾犬
high set ear 耳根比标准位置略高
low set ear 耳根比标准位置低，通常在眼睛下方，如美国可卡犬、贵宾犬
tassel 贝林登㹴和贵宾犬耳朵上的杂毛
set on 耳根或尾根
leather 垂耳的皮肤

四、描述嘴的专业术语

muzzle 由两眼至鼻尖的位置，也称为前面部
bite 咬牙，牙齿的咬合
overshot 闭上嘴，上齿比下齿突出
undershot 闭上嘴，下齿比上齿突出
level bite 闭上嘴，上下齿能紧密咬合

scissors bite 闭上嘴，上下齿能像锯齿一样咬合在一起
lip 唇
top lip（upper lip） 上唇
bottom lip（lower lip） 下唇
snippy muzzle 细而长的嘴
milk tooth 后天掉的牙

本·斯通，珀尔·斯通.2002.犬美容指南[M].李春旺等，译.沈阳：辽宁科学技术出版社.

崔立，周全.2007.宠物健康护理员[M].北京：中国劳动社会保障出版社.

达拉斯(Dallas S)，诺斯（North D），安格斯（Angus J）.2008.宠物美容师培训教程[M].李学俭等，译.沈阳：辽宁科学技术出版社.

贵妇人社编辑部（日）.2003.爱犬的服饰[M].王夕刚等，译.济南：山东科学技术出版社.

靓丽出版社（日）.2010.手作族一定要会的缝纫基本功[M].书锦缘，译.郑州：河南科学技术出版社.

犬美容师培训教程编委会.2007.犬美容师培训教程[M].西安：陕西科学技术出版社.

王丽华.2009.宠物保健与美容技术[M].北京：高等教育出版社.

许勇茜.2006.迷你雪纳瑞[M].北京：中国农业出版社.

杨佑国，陈鹤玉.2009.图解服装裁剪技术[M].北京：化学工业出版社.

张江.2008.宠物护理与美容[M].北京：中国农业出版社.

图书在版编目（CIP）数据

宠物美容与服饰 / 王丽华，孙秀玉主编. —北京：中国农业出版社，2014.9（2018.12重印）
高等职业教育农业部"十二五"规划教材
ISBN 978-7-109-19328-4

Ⅰ.①宠… Ⅱ.①王… ②孙… Ⅲ.①宠物-美容-高等职业教育-教材②宠物-服饰-制作-高等职业教育-教材 Ⅳ.①S865.3②TS976.38

中国版本图书馆CIP数据核字（2014）第208839号

中国农业出版社出版
（北京市朝阳区麦子店街18号楼）
（邮政编码 100125）
策划编辑 徐 芳
文字编辑 王玉时

北京通州皇家印刷厂印刷 新华书店北京发行所发行
2014年12月第1版 2018年12月北京第3次印刷

开本：787mm×1092mm 1/16 印张：10.75
字数：252千字
定价：52.00元
（凡本版图书出现印刷、装订错误，请向出版社发行部调换）